나의 첫
AI 수학

나의 첫
AI 수학

발행일 2023년 7월 20일 초판 1쇄 발행
2024년 7월 30일 초판 2쇄 발행
지은이 오세준
발행인 방득일
편 집 박현주, 강정화
디자인 강수경
마케팅 김지훈

발행처 맘에드림
주 소 서울시 도봉구 노해로 379 대성빌딩 902호
전 화 02-2269-0425
팩 스 02-2269-0426
e-mail momdreampub@naver.com

ISBN 979-11-89404 87-1 44410
ISBN 979-11-89404-03-1 44080 (세트)

※ 책값은 뒤표지에 있습니다.
※ 잘못된 책은 구입처에서 교환하여 드립니다.

나의 첫 AI 수학

인공지능 문해력을 키우는
쓸모 있는 수학 이야기

오 세 준 지음

맘에드림

프롤로그

AI 수학 이야기를 시작하기 전에

인류는 과거부터 현재까지 쉼 없이 변화와 성장을 거듭해왔지만, 특히 최근 수년간은 유례없는 급격한 사회변화를 체감하고 있습니다. 그래서인지 소위 '대전환 시대'라는 말이 자주 들려옵니다. 그중에서도 특히 주목할 만한 것이 바로 AI(artificial intelligence), 즉 **인공지능** 분야 아닐까요? 어느새 인공지능은 우리 일상으로 성큼 스며들었습니다. 인간이 뭔가 데이터를 일일이 입력하고 조작해야만 했던 과거의 수동적인 모습과 달리 스스로 학습하며(심지어 휴식도 없이) 엄청난 속도로 성장하여 어려운 문제들을 척척 해결하는 것도 놀라운데, 급기야 인간의 고유 영역이라 믿었던 창작의 영역마저 호시탐탐 넘보는 것 같은 인공지능의

실체가 여러분은 궁금하지 않나요? 이 책은 특히 **수학**의 관점에서 인공지능의 문제해결 과정을 한번 들여다보려고 합니다.

{AI, 달을 그려줘!}

먼저 여러분에게 소개하고 싶은 그림이 있습니다. 어쩌면 이미 본 적이 있는 분도 계실지 모르겠군요. 아래의 그림은 미국의 어느 미술대회에서 1등을 수상한 작품[1]입니다.

미술전에서 수상한 인공지능의 그림

인공지능이 달과 달을 보고 있는 사람을 그려낸 작품으로 실제 미국 미술전에서 1등에 선정되기도 했습니다.

1. 이상덕, 〈美 미술전 1등 그림 알고 보니 AI가 그려〉, 《매일경제》, 2022. 09. 02.

웅장하면서도 어딘지 모르게 신비롭게 묘사된 달과 이를 바라보는 사람들의 모습이 잘 담겨 있죠? 사실 이 작품은 사람이 아니라 인공지능이 그려낸 것입니다. 물론 사람이 그림을 그려주는 인공지능에게 다음과 같이 텍스트로 설명했을 것입니다.

"달이 있고, 달을 보고 있는 사람들이 있으며……."

인공지능이 이러한 인간의 텍스트를 이해하여 그에 맞는 그림으로 그려준 창작 결과물인 거죠. 어떤가요? 지금 이 순간에도 인공지능 기술은 우리의 기대를 훌쩍 뛰어넘어 급격하게 발전하고 있어요. 그리고 과거에는 막연하게 상상만 해왔던 일들을 우리의 일상에서 조금씩 실현해 나가고 있습니다.

예컨대 인공지능은 영어를 한국어로, 한국어를 영어로 자동으로 번역하는 수준을 넘어서서, 심지어 동물들의 울음소리까지 번역하고 있답니다. 거짓말 같다고요? 이미 2020년에 고양이의 울음소리를 번역하는 '미야오톡'라는 앱이 출시되어 판매 중입니다. 그리고 홍콩시티대학교(HKCITYU, City University of Hong Kong) 연구진은 닭장에서 스트레스를 받는 닭의 울음소리를 97% 정확도로 분석해 내기도 했죠.[2] 어쩌면 앞으로 집에서 키우는 반려동물과 스스럼없이 대화를 나누게 될 날도 머지않았는지 모릅니다.

2. 구본권, 〈고래 돼지 박지 울음소리, AI가 번역한다〉, 《한겨레》, 2022. 10. 03.

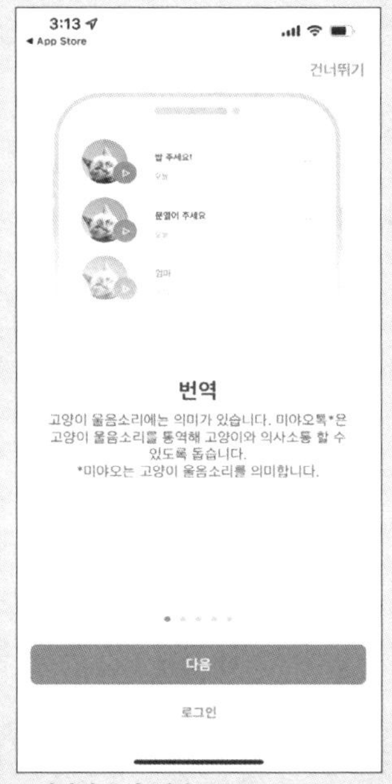

※이미지 출처: 미야오톡(Meow Talk)

고양이 울음소리 번역 앱

2020년 출시된 고양이 울음소리를 번역하는 이 앱의 이름인 '미야오'는 고양이 울음소리를 의성어로 표현한 것이기도 합니다.

{왜 인공지능 문해력을 키워야 하나?}

인공지능 기술의 엄청난 발전 속도로 볼 때, 앞으로 곧 인터넷이나 스마트폰처럼 인공지능도 대중화되리라는 것을 충분히 예상할 수 있어요. 예컨대 스마트폰 사용에 서툰 어르신들은 디지털 문맹이라 불리며, 일상에서 이런저런 불편함을 겪고 계시죠? 이와 비슷하게 언젠가는 인공지능 문맹이라는 말이 나올지도 모릅니다. 인공지능을 모르는 사람들은 일상에서 큰 불편을 겪게 될 수 있다는 뜻이죠. 최근 급부상하는 학습 키워드 중 하나가 바로 **문해력**인데, 문해력은 단순히 읽는 능력, 즉 디코딩에 국한되지 않습니다. 정의, 이해, 해석, 창작, 의사소통, 계산 등을 총체적으로 아우르는 종합적인 역량을 말하죠. 인공지능 문해력을 키운다는 것도 마찬가지 의미입니다.

그래서 이 책은 인공지능이 더욱 일상화되는 시대를 살아갈 여러분의 이해를 조금이나마 돕기 위해 집필되었습니다. 특히 인공지능을 지탱하고 있는 틀이자, 인공지능을 움직이는 핵심이라고 할 수 있는 **수학**에 초점을 맞추어 정리하였어요. 실제로 인공지능(AI) 기술은 수학적 개념과 방법에 크게 의존하고 있다 보니 가히 수학의 집합체라고 표현해도 결코 과언은 아닙니다. AI 알고리즘과 시스템은 수학적 모델과 이론을 기반으로 하며, 예측이나 의사결정을 하기 위해 수학적 연산과 계산을 사용하니까요.

{인공지능을 움직이는 주요 수학 개념은?}

인공지능에 기초가 되는 수학 개념은 다양합니다. 앞으로 이 책에서도 하나하나씩 소개해드리겠지만, 핵심 수학 개념 중 하나는 **확률** 이론이에요. 확률은 사건의 가능성을 다루는 수학의 한 분야로, AI에서 특정 결과나 행동의 가능성을 결정하는 데 주로 사용됩니다. 예를 들어, AI 시스템은 확률 이론을 사용하여 특정 이미지에 고양이(또는 강아지)가 포함되는지를 판단하죠. 또한 특정 주식의 가치가 상승할 가능성도 계산할 수 있어요.

인공지능에서 수학의 또 다른 중요한 분야는 **최적화** 이론이에요.

최적화 이론은 문제에 대한 최선의 또는 가장 최적의 해결책을 찾아내는 것과 관련이 있으며, 인공지능에서 광범위하게 사용되고 있죠. 예를 들어, AI 시스템은 최적화 알고리즘을 사용하여 자율주행 차량을 위한 가장 효율적인 경로를 찾거나 기계 학습 모델을 위한 최적의 매개 변수 집합을 식별할 수 있습니다. 이 밖에도 인공지능이 전반적으로 기능을 수행하고 뭔가 결정을 내리는 데 수학적 개념과 기술에 크게 의존한다는 점에서 인공지능은 수학의 집합체라고 볼 수 있죠.

사실 이 책을 집필하는 데도 인공지능이 적잖은 도움을 주었습니다. 왜냐하면 이 책 내용 중에는 저와 인공지능 chatGPT3[3](이하 챗지피티)의 대화를 토대로 재구성한 것도 포함되어 있으니까요. 조금 전 서술한 문장 중에도 인공지능이 작성한 것이 있어요. 눈치채셨나요? 머지않아 인공지능이 저자로서 책 한 권을 온전히 집필하는 시대가 올 거라고 예상됩니다. 챗지피티는 학습한 데이터를 통해서 질문에 답하는데, 때때로 어느 주제에 대해서는 사람보다 더 잘 논리적으로 서술하기도 해요. 그리고 앞으로 이 책에서 만나게 될 이미지의 많은 부분은 제가 입력한 텍스트를 토대로 인공지능이 그려준 것이에요. 예컨대 "White background, 2 cute puppies of different species smiling brightly, and 2 puppies

3. OpenAI가 개발한 인공신경망 기반의 언어모델이다. 2023년 3월 14일 기준 chatGPT-4가 공개되었습니다. 이 책의 집필 과정에는 chatGPT-3의 답변을 활용했음을 밝히며, 이후 본문에서는 편의상 '챗지피티'로 표기하였습니다.

weigh differently"[4]라고 텍스트를 입력하면 다음과 같은 결과물을 얻을 수 있었죠.

챗지피티에 입력한 텍스트와 그려낸 결과물 예시

이 책의 본문에는 여러 이미지가 등장합니다. 물론 일러스트 작가가 그린 것도 있지만, 이 그림처럼 인공지능에게 설명 텍스트를 주고 그리게 한 것도 있습니다. 위의 창에 텍스트를 입력하면 아래와 같은 결과물을 얻을 수 있죠. 옆의 QR 코드에 접속해보세요. 이후 이 책의 본문에 나오는 인공지능이 그린 그림들은 QR코드로 접속하면 컬러로 확인하실 수 있습니다.

4. chatGPT는 아직 한글보다는 영어로 입력해야 좀 더 명확한 아웃풋을 기대할 수 있습니다.

인공지능이 10쪽에 있는 것과 같은 4장의 이미지를 그려주면, 이 중에서 마음에 드는 것을 사람이 선택할 수 있죠. 사실 저도 사용해 볼수록 놀라움을 느끼는 한편, 시대가 급격히 변화하고 있는 것이 새삼 피부로 느껴졌습니다. 챗지피티와 함께 디지털 대전환 시대는 이미 시작되었습니다. 인공지능으로 인해 한층 더 변화무쌍해질 세상에서 살아가게 될 여러분이 변화를 주도하며 스마트하게 살아가기를 바랍니다. 자, 그러면 이제부터 저와 함께 인공지능, 즉 AI의 원리를 이해하는 데 꼭 필요한 인공지능 수학에 대해 하나하나 알아봐요!

오세준
(feat. AI)

※ 이 책의 성격상 본문에는 부득이하게 이런저런 수학적 모델과 관련된 수식이 종종 등장합니다. 이미 관련 개념을 배우고 충분히 이해한 독자도 있겠지만, 아직 배우지 않아서 생소한 독자도 있을 것입니다. 이 책은 수학 교과서로 집필된 것이 아닌 만큼 수식 자체에 얽매이기보다는 인공지능과 수학의 깊은 관련성을 전달하려는 과정으로 이해해주면 좋겠습니다. 만약 책을 읽으면서 관련된 수학 개념이 궁금해지거나, 더 깊이 공부하고 싶어졌다면 저로서는 더없이 기쁜 일입니다.

∑ 차례

AI 수학과 데이터
나의 이름을 찾아주오!

데이터의 입력과 출력
인공지능이 처리할 수 있는 데이터란?

3장 지능과 수학

인공지능에서 '지능'은 무엇일까요?

4장 딥러닝과 수학

미션, 수학으로 뇌신경을 모방하라!

함수와 미분

미션, 인공지능의 예측 능력치를 높여라!

인공지능 리터러시

읽어낼 수 없다면 무의미한 숫자의 나열일 뿐

설명가능한 인공지능

미지의 블랙박스를 해부하라!

나의 이름을 찾아주오!

"나를 길들여 줘..."

어디서 들어본 말 같죠? 생텍쥐페리의 너무나도 유명한 소설 《어린왕자》에는 여우와 어린왕자의 대화가 나옵니다. 여기에서 여우는 어린왕자에게 서로에게 길들임으로써 둘도 없는 친구가 될 수 있다고 말하죠. 소설의 내용을 조금 더 들여다보면, 어린왕자는 7번째 별 지구에서 여우를 만나 대화를 나누며, 원래 살고 있던 별 B612에 두고 온 장미의 소중함을 깨닫게 됩니다. 항상 곁에 있어서 소중함을 느끼지 못하였지만, 여우에 의하여 장미가 왕자에게 얼마나 특별한 존재인지 깨닫게 된 거죠.

인공지능 수학에 관한 책에서 시작부터 웬 어린왕자 타령인가 생각하겠지만, 이것은 앞으로 우리가 살펴볼 이야기들과 매우 깊은 관련이 있습니다. 왜냐고요? 어린왕자와 여우의 대화는 인공지능과 수학, 데이터에 대한 깊은 통찰을 안겨주기 때문입니다. 바야흐로 빅데이터의 시대, 우리는 엄청나게 많은 데이터와 함께 살아가고 있습니다. 하지만 우리는 엄청난 데이터들이 다양한 목적으로 처리된 결과들 덕분에 이런저런 편리를 누리고 있음에도 불구하고, 막상 데이터 그리고 그 데이터를 읽어내고 해석하는 수학의 소중함은 잘 모르고 있을 수 있습니다. 하지만 데이터, 인공지능, 수학은 이제 우리에게서 떨어질 수 없는 존재입니다. 이제는 데이터, 인공지능, 수학을 길들여서 여러분의 둘도 없는 친구로 만들어야 할 때입니다. 이 책은 어린왕자인 여러분에게 데이터, 인공지능, 수학에 대한 특별함, 소중함을 생각하고 깨닫게 할 여우와 같은 역할을 하려고 합니다.

"인공지능을 통해서 수학은 나와 둘도 없는 친구가 될 테니까."

1장

AI 수학과 데이터

데이터는 새로운 ○○이다!

오늘날 인류의 눈부신 성장과 발전에 에너지가 얼마나 중요한 부분을 차지해왔는지 여러분도 잘 알고 있을 것입니다. 특히 석유는 오늘날까지도 인류의 발전사에 빼놓을 수 없는 주요 에너지원이죠.

{ 데이터를 차지하기 위한 전쟁이 시작되다 }

석유가 본격적으로 인류에게 중요한 자원으로서 가치가 인정된 것은 19세기 독일에서 자동차 내연기관의 발명 이후로 볼 수 있습니다. 그와 함께 석유 사용량도 급격히 늘어났고, 이후 두 차례의 세계대전을 거치며 석유는 다양한 교통수단 및 공업용·가정용 연료로 사용되었고, 검은 황금이라 불리며 국제정세마저 좌지우지할 만큼 중요한 동력으로 자리매김하였습니다. 열강들은 서로 석유의 이권을 차지하려고 치열하게 다투며, 때론 전쟁도 불사했습니다. 그리고 이제 새로운 동력을 선점하기 위한 전쟁이 시작되었죠.

"데이터는 새로운 석유이다."

이 표현은 최근 CEO, 정책 입안자 및 기술 전문가들이 경제의 혁신과 성장을 촉진하는 데 데이터의 중요성을 강조하기 위해 종종 사용해왔습니다. 이처럼 오늘날 데이터의 가치와 중요성을 전통적인 에너지원인 석유와 비교하는 것은 데이터가 추출, 정제 및 다양한 애플리케이션과 기술을 구동하는 데 꼭 필요한 귀중한 자원임을 시사하죠. 매일 사람과 기계에 의해 생성되는 방대한 양의 데이터는 우리가 사용하는 제품과 서비스는 물론 우리가 내리는 온갖 의사결정에 이르기까지 우리 삶의 다양한 측면을 알리고 개선하는 데 사용될 수 있어요. 우리는 데이터를 수집, 구성 및 분석함으로써 통찰력을 얻고, 다양한 영역에서 효율성, 정확성 및 효과를 개선하는 데 도움이 될 수 있는 예측을 할 수도 있습니다.

아주 단순해 보이는 의사결정도 실은 다양한 정보들의 조합

자, 그럼 데이터가 어떻게 예측에 활용되는지 구체적으로 들여다볼까요? 여러분도 자동차의 자율주행 기능에 관해 들어보았을 것입니다. 얼핏 생각하기에 그저 핸들이나 브레이크 조작을 해주는 것 정도로 좁게 생각할 수 있습니다. 하지만 자율주행은 그보다 훨씬 더 복잡한 메커니즘을 포괄합니다. 왜냐하면 우리 인간이 운전할 때도 단순히 핸들과 브레이크 조작만 하는 건 아니니까요.

운전 중에는 시각, 청각, 운동감각 등 모든 감각을 동원해서 수집한 정보들에 대한 처리가 종합적으로 이루어지며, 이것이 순간순간의 의사결정을 내리는 데 토대가 됩니다. 눈에 보이지 않을 뿐, 꽤 역동적인 프로세스가 복합적으로 작동하고 있는 셈이죠. 예컨대 전방과 후방을 주시하며, 혹시 주변에 위험물이 있는지 판단해야 하고, 전방의 도로 사정이나 원하는 목적지로 빠지기 위해 차선을 이동해야 할 때도 있습니다. 비보호 좌회전 시에는 우선권이 있는 맞은편 직진 차량의 떨어진 거리나 달려오는 속도 등을 감안해 언제 핸들을 틀 것인지 결정해야 하죠. 차선을 바꿀 때도 마찬가지입니다. 또 어린이보호구역에 진입하면 어린아이들이 갑작스럽게 뛰쳐나올 수도 있기 때문에 감속해야 합니다. 운전하는 내내 운전자에게는 이런 정보처리 과정이 물 흐르듯 자연스럽게 일어납니다.

자율주행 자동차도 마찬가지입니다. 우리가 운전을 믿고 맡기려면 인간이 그러하듯 운전하는 내내 여러 가지 의사결정을 순간순간의 상황에 맞게 올바로 내려야 하죠. 그래야 안심하고 운전을 맡길 수 있을 테니까요. 이런 의사결정의 근간에 바로 데이터가 있는 것입니다. 그러니 데이터는 자율주행 자동차를 움직이는 석유와 같은 역할을 하는 셈입니다.

데이터, 자동차를 넘어 세상을 움직이는 동력이 되다

자율주행차는 센서, 카메라 및 기타 기술을 장착하여 사람이 직접 운전할 필요 없이 자율적으로 탐색하고 작동할 수 있는 차량을 의미해요. 이러한 차량은 GPS 신호, 지도 데이터 및 센서 판독값과 같은 다양한 데이터 소스를 사용하여 주변 환경을 **이해**하고 이동 및 탐색 방법을 **결정**합니다.

자율주행차가 데이터를 사용하는 핵심 방법의 하나는 주변 지도를 만드는 거예요. 이 지도는 카메라, 레이다와 같은 다양한 센서를 통해 수집된 데이터를 사용하여 생성됩니다. 데이터는 차량 환경의 물체와 장애물에 대한 자세한 정보를 제공하죠. 이런 다양한 데이터는 차량 주변의 고해상도 3D 지도를 만드는 데 사용되며, 차량이 이동할 때 실시간으로 업데이트됩니다.

지도가 만들어지면, 자율주행차는 센서와 다른 소스의 데이터를 사용하여 현재 위치를 파악하고 목적지로 가는 최적의 경로를 결정합니다. 이 데이터는 교통 상황, 도로 상황, 기타 차량 및 장애물의 존재와 같은 요소를 고려하여 이동 및 탐색 방법을 결정하는 데 사용됩니다. 자율주행차는 이 데이터를 사용하여 목적지까지의 안전하고 효율적인 경로를 **계획**하고 **실행**하죠.

정리하면 자율주행차는 자율주행과 작동을 위해 데이터에 크게 의존하고 있어요. 이러한 차량은 다양한 소스로부터 데이터를 수집, 분석 및 해석함으로써 주변 환경을 이해하고, 이런 정보에 근거하여 이동 및 탐색 방법에 대한 결정을 내릴 수 있습니다. 비록 여기에서는 자율주행자동차로 예시를 들기는 했지만, 인공지능이 우리의 삶 전반으로 스며든다면 결국 다양한 데이터는 세상을 움직이는 핵심동력이 될 것입니다.

뭔가를 움직이는 데 필요한 에너지가 된다는 의미로만 보자면 데이터와 석유는 비슷합니다. 하지만 데이터는 석유와 근본적으로 다른 자원입니다. 왜냐하면 석유는 지구에서 추출해 에너지를 생산하는 데 활용되는 물리적 물질이라 한번 에너지로 소비되고 나면 다시 활용할 수 없습니다.[1] 그런 석유와 달리 데이터는 사람과 기계가 만들어내는 추상적이고 무형의 자원이죠. 게다가 석유는 매장량이 한정된 자원으로 언젠가는 고갈되어 더 이상 소비할 수 없는 때가 올 테지만, 데이터는 지금 이 순간에도 계속 생산되고 쌓여갑니다. 심지어 생산된 데이터를 기반으로 새로운 데이터가 만들어지기도 하죠. 그것도 셀 수 없을 만큼 무수히!

1. 최근에는 석유를 재사용하려는 다양한 시도가 이루어지고 있기는 합니다.

02 빅데이터 시대

시시각각 빠르게 쌓여가는 무수한 데이터들

데이터는 어떻게 쌓일까요? 스쳐 지나가는 거의 모든 순간 데이터는 쌓이고 또 쌓여갑니다. 사실 우리도 시시각각 데이터를 쌓아가죠. 이미 오늘 하루만 해도 우리는 저마다 많은 데이터를 생성하였습니다. 아침에 알람이 울려 일어났다면, 알람을 맞추는 시간도 그리고 알람이 울리고 나서 얼마 뒤에 일어났는지도 데이터입니다. 왜냐하면 우리는 평소 알람이 울린 후 실제로 기상하는 시간을 고려하여 다음 날 알람이 울릴 시간을 조정하니까요. 또 아침밥을 먹었다면, 밥을 얼마만큼 먹고, 어떤 반찬을 더 많이 먹었는지, 물은 얼마나 마셨는지도 데이터입니다. 우리는 일일이 의식하지 못하겠지만, 부모님은 우리가 먹은 밥과 반찬의 양의 데이터를 통해서 다음날 식사를 준비하죠. 집을 나서서 이동할 때도 우리는 데이터를 만들죠. 집에서 학교로 이동하는 시간, 교통수단 등도 모두 데이터입니다. 우리는 이 데이터를 근거로 다음 번에는 더 일찍 또는 더 늦게 집을 나서겠죠.

1분 동안 세상에는 어떤 일이 벌어질까?

시시각각 쌓이는 데이터의 양을 가늠할 수 있도록 조금 구체적인 사례를 살펴볼게요. 여러분에게 1분은 어떤 시간인가요? 솔직히 깜박 멍 때리다 보면 순식간에 흘러갈 만큼 짧은 시간이기도 합니다. 그런데 이 짧은 시간 동안 세상에는 엄청나게 많은 일들이 벌어지고 있어요.

오른쪽 그림은(27쪽 참조) 1분 동안 세계에서 일어나는 일을 정리한 것입니다.[2] 예컨대 매일 단 1분 동안에 전 세계의 유튜브 사용자는 694,000개의 동영상을 스트리밍하며, 인스타그램 사용자는 65,000장의 사진을 공유합니다. 또 틱톡 사용자는 1억 6,700만 개의 동영상을 시청합니다. 1분 동안 아마존 고객은 283,000달러를 지출하며 1분 동안 전 세계 600만 명이 온라인 쇼핑을 합니다. 이처럼 전 세계에서 데이터는 시시각각 가히 폭발적으로 쌓여갑니다.

혹시 여러분도 오늘 SNS 혹은 동영상 플랫폼을 보며 '좋아요'를 누르거나, '댓글'을 통해서 공감을 표현하고, 아예 '구독'까지 하셨나요? 이처럼 오늘날에는 우리가 일상에서 의식하지 못한 채 하고 있는 거의 모든 행동이 데이터화되어 시시각각 저장됩니다. SNS와 온

2. Aran Ali, 〈TECHNOLOGY From Amazon to Zoom: What Happens in an Internet Minute In 2021?〉, 《VISUAL CAPITALIST》, 2021.11.10. 참조

매일매일 1분 동안 벌어지는 일들[3]

현대에는 시시각각 벌어지는 일들 모두가 데이터로 쌓여갑니다. 예컨대 인스타그램에는 1분마다 65,000개의 사진이 공유되며, 아마존 기준으로 매일 1분마다 283,000달러에 이르는 소비가 일어나는 식입니다. 이처럼 우리의 모든 행동은 데이터로 쌓여가며, 점점 더 방대한 데이터가 생성되고 있습니다.

---

3. Aran Ali, 〈TECHNOLOGY From Amazon to Zoom: What Happens in an Internet Minute In 2021?〉, 《VISUAL CAPITALIST》, 2021.11.10. 참조 재구성

라인 쇼핑몰을 포함해 다양한 디지털 플랫폼 안에서 벌어지고 있는 개인의 다양한 활동을 통해 무심코 드러난 생각, 의견, 취향, 관심사 등을 포함하여 심지어 스스로도 잘 몰랐던 꽤 비밀스러운 정보까지도 점점 더 많이 공유하고 있는 거죠.

이처럼 온갖 정보들이 공유될 수 있는 세상에서는 개인의 사소한 일상을 포함해 시시각각 벌어지는 모든 것들이 데이터화됩니다. 그러다 보니 우리가 평소 의식하지 못한 채 무심코 반복하는 일상적 행동 하나하나도 데이터로 쌓여가는 거죠. 우리는 모두 데이터 누적에 일조하는 셈입니다.

{데이터, 과학기술의 발전과 함께 다양한 분야에 쓰이다}

김춘수 시인의 〈꽃〉에는 "이름을 불러주기 전에는 그는 다만 하나의 몸짓에 지나지 않는다"는 구절이 있습니다. 우리가 의식하지 못한 상태에서 제공하고 쌓여가는 수많은 데이터도 마찬가지입니다. 그저 쌓여 있기만 한 상태의 데이터는 큰 의미가 없다는 뜻입니다. 하지만 과학기술과 만나 의미를 갖게 됩니다. 그저 이름 모를 자료로 남는 것이 아니라 김춘수 시인의 〈꽃〉에 나온 내용처럼 비로소 이름을 부여받게 되는 거죠. 과학기술의 발달로 인하여 과거와 비교할 수 없는 다채로운 경로로 데이터가 생성 및 수집됩니다. 예를 들어 스마트폰의 카메라, GPS, 마이크, CCTV, 차량의 블랙박스 등이 대중화되면서 센서, 카메라 등으로부터 엄청난 양의 데이터가 시시각각 생성되고 수집되고 있으니까요.

데이터는 컴퓨터가 다양한 응용 프로그램에서 사용할 수 있도록 처리할 수 있는 정보의 모음을 아우르는 말입니다. 데이터는 매우 다양한 형태로 존재하며, 어떤 방식으로든 처리되지 않거나 분석되지 않으면 아무 의미 없는 상태로 존재할 수도 있습니다. 의미 없이 존재하는 데이터의 예로는 임의의 숫자나 문자 목록 등처럼 원시 숫자 또는 기호가 있습니다. 센서에 의하여 판독된 값이나 설문조사에 대한 응답처럼 수집되었지만, 아직 처리되지 않은 데이터도 고유한 의미가 없는 것으로 간주할 수 있죠.

오늘날 이런 데이터들은 의료 및 금융에서부터 교통 및 공공 안전에 이르기까지 광범위한 분야에서 통찰력을 얻고 의사결정을 내리는 근거로 활용되기 위해 끊임없이 수집, 저장 및 분석되고 있는 것입니다.

시시각각 쌓이는 무한한 데이터에 생명을 불어넣는 인공지능

데이터가 마구 뒤섞인 상태로 계속 쌓이면서 그대로 방치된다면 그저 방대한 덩어리에 지나지 않을 것입니다. 처치할 엄두조차 낼 수 없는 거대한 쓰레기 산처럼 말이죠. 하지만 첨단과학은 얼핏 서로 아무 관련이 없어 보이는 무수히 많은 데이터, 그래서 어떻게 처리해야 할지도 모르는 데이터 간의 인과관계를 밝혀냅니다. 예컨대 인공지능의 자연어 처리 기술 및 머신러닝 알고리즘과 같은 도구를 사용하여 분석하고 연결하여 이로부터 유용한 통찰력을 끌어낼 수 있습니다.

인터넷 쇼핑을 예로 들어볼까요? 여러분이 인터넷 쇼핑몰에 접속했다고 합시다. 쇼핑몰에 접속했다고 무조건 뭔가를 사지는 않을 것입니다. 그냥 잠시 둘러보기만 할 때도 있을 것이고, 관심 있는 물건이 있다면 검색해서 제품의 특징과 최저가를 비교할 때도 있겠죠? 당장 필요하기 때문에 바로 구매할 수도 있고, 다음을 기약하며 장바구니에만 담아놓았을 수도 있습니다. 때로는 꼼꼼하게 체크하는 과정에서 쓸모없다고 생각해서 구매 의사를 완전히 내려놓기도 합니다. 이 모든 과정에서 우리는 의식하지 못한 채 수많은 데이터를 생성하고 있습니다. 여러분은 이렇게 생각할지도 모릅니다.

"엥, 이런 사소한 행동이 무슨 의미가 있다고..."

하지만 기업의 입장에서 보면 이 모든 과정은 분석할 만한 가치가 있는 소중한 데이터입니다. 고객이 검색창에 입력했던 키워드와 제품은 물론이고, 또 그 제품과 관련된 페이지에 얼마나 오랫동안 머물러 있었는지, 혹시 다른 페이지로 갔다가 다시 돌아왔는지 등등 모든 데이터를 저장하여 분석하죠. 이러한 분석을 통해 우리가 무엇을 좋아하는지, 현재의 관심사는 무엇인지 등을 알아내고, 우리가 다른 것을 검색할 때도 과거 관심을 보였던 제품을 계속 노출하며, 끈질기게 구매를 유도할 수 있으니까요. 그렇게 소비자가 해당

#인공지능_추천 #요거_어때? #오늘메뉴 #삼시세끼 #무엇이든_물어보세요

쇼핑몰을 다시 방문하면 분석해놓은 데이터에 기반해 관련 상품들을 노출시켜서 구매를 유도하는 것입니다.

> "자, 고객님께서 관심을 가질 만한 상품입니다...
> 이 중에서 한번 클릭해보시겠어요?"

우리는 모두 지금도 계속 데이터를 생성하는 주체로 데이터와 떼려야 뗄 수 없는 존재입니다. 그리고 그렇게 생성된 데이터는 이미 누군가에게는 소중한 것을 넘어 강력한 무기로 활용되고 있죠. 지금은 데이터가 우리 삶의 많은 측면에서 중심적인 역할을 하는 세상입니다. 이처럼 데이터가 무기가 되는 세상에서 데이터들이 총알의 역할을 한다면 인공지능 수학은 총알의 위력을 높이는 첨단 장비 역할을 하는 셈입니다. 이 책은 바로 그와 관련된 이야기입니다. 그럼 지금부터 좀 더 자세히 살펴보기로 해요.

03 수학적 모델

수학, 데이터에 의미와 규칙을 부여하다

자, 앞에서 우리는 시시각각 쌓이고 또 처리되고 있는 엄청난 양의 데이터와 그 쓸모를 간단히 살펴보았습니다. 우리는 모두 그러한 데이터가 생성되는 데 알게 모르게 일조하고 있죠. 데이터가 그저 쌓여 있기만 할 땐 무의미합니다. 즉 데이터에 이름을 붙여주기 전까지는 말이죠.

수학은 어떻게 데이터에 의미를 부여하는가?

무수한 데이터 간의 연결고리를 찾아내 데이터에 의미를 부여하는 것이 바로 수학입니다. 즉 수학은 숫자, 양, 모양뿐만 아니라 그것들의 관계와 과정에 대해서 낱낱이 파악하죠. 데이터에 의미를 부여하는 대표적인 수학적 방법은 무엇일까요? 바로 여러분이 수학 시간에 배운 '방정식' 또는 '함수'입니다. 방정식과 함수를 사용하여 데이터의 '집합' 내에 존재하는 '관계'와 '패턴'을 설명하는 것입니다. 그리고 인공지능에서는 이런 방정식 또는 함수를 '**모델**'이라고도 합니다. 각각의 모델은 데이터를 구성하고 해석할 뿐만 아니라 데이터를 기반으로 예측 또는 계산할 수 있는 분석틀을 제공함으로써 데이터를 이해하는 데 도움을 줄 수 있습니다.

예를 들어, 통계는 대규모 설문조사 또는 실험 결과와 같은 큰 데이터 집합을 분석하고 해석하는 데 사용됩니다. 이러한 모델은 데이터의 추세 또는 패턴을 식별하고 데이터를 기반으로 미래를 예측 또는 추정하는 데 도움이 될 수 있죠. 금융 분야라면 수학적 모델을 통해 과거 데이터를 기반으로 시장 동향을 분석하고 투자 결정을 내릴 것입니다. 두 경우 모두 수학적 모델을 사용함으로써 데이터에 의미와 규칙을 할당하여 데이터를 더 효과적으로 이해하고 사용할 수 있게 하는 거죠.

{데이터를 분석할 때 어떤 수학이 사용되고, 어떤 역할을 하는가?}

그럼 여기에서 데이터를 분석할 때 수학의 역할을 잠깐 살펴볼까요? 앞서 프롤로그에서도 소개한 바와 같이 이 책의 내용 중에는 제 질문에 대한 챗지피티의 답변도 함께 담겨 있습니다. 이번에는 수학적 모델의 역할에 대해 질문하니 다음과 같이 설명해주더군요.

· **통계**: 통계에서는 데이터의 수집, 분석, 해석, 표시, 구성을 다룹니다. 이를 통해 대규모 데이터를 이해하고 데이터를 기반으로 예측을 하거나 결론을 도출할 수 있습니다.

· **(선형) 대수**: 대수는 '벡터', '행렬' 등을 다룹니다. 데이터를 간결하고 효율적으로 '표현'하고 조작하기 위해 데이터 분석에 일반적으로 사용됩니다.

· **미적분**: 미적분은 변화와 운동에 대해서 다룹니다. 시간이 지남에 따라 데이터가 어떻게 변화하는지 모델링하고, 주어진 모델을 최적화

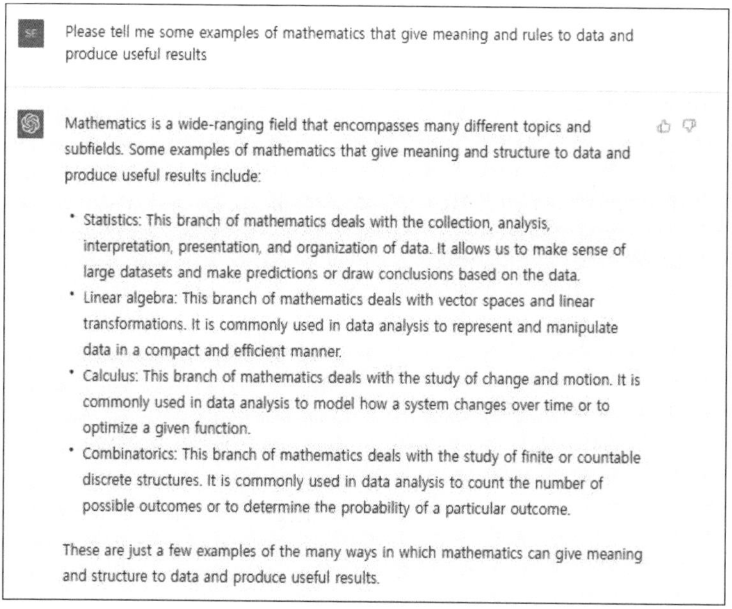

Please tell me some examples of mathematics that give meaning and rules to data and produce useful results

Mathematics is a wide-ranging field that encompasses many different topics and subfields. Some examples of mathematics that give meaning and structure to data and produce useful results include:

- Statistics: This branch of mathematics deals with the collection, analysis, interpretation, presentation, and organization of data. It allows us to make sense of large datasets and make predictions or draw conclusions based on the data.
- Linear algebra: This branch of mathematics deals with vector spaces and linear transformations. It is commonly used in data analysis to represent and manipulate data in a compact and efficient manner.
- Calculus: This branch of mathematics deals with the study of change and motion. It is commonly used in data analysis to model how a system changes over time or to optimize a given function.
- Combinatorics: This branch of mathematics deals with the study of finite or countable discrete structures. It is commonly used in data analysis to count the number of possible outcomes or to determine the probability of a particular outcome.

These are just a few examples of the many ways in which mathematics can give meaning and structure to data and produce useful results.

데이터를 분석할 때 활용되는 수학에 관한 챗지피티의 실제 답변

통계, 대수, 미적분, 조합론 등 챗지피티가 데이터를 분석할 때 활용되는 수학에 대한 답변입니다. 단, 현재 챗지피티의 기본언어는 영어라서 영어로 질문과 답변이 이루어진 모습입니다.

하는 데 일반적으로 사용됩니다.

· **조합론**: 조합론은 유한하거나 셀 수 있는 이산 구조 등을 다룹니다. 데이터 분석에서 가능한 결과의 수를 세거나 특정 결과의 확률을 결정하는 데 일반적으로 사용됩니다.

어쩌면 이미 수학 시간에 배운 내용일 수도 있고, 아직 배우지 못했을 수도 있지만, 데이터를 분석하고 의미를 부여하는 관점에서 다시 읽어본다면 한층 새로운 관점으로 이해할 수 있을 것입니다. 다만 위에서 나열한 내용은 수학이 데이터에 의미와 구조를 부여하고 유용한 결과를 낼 수 있는 많은 방법의 몇 가지 예에 불과합니다. 실제로 수학은 데이터에 의미와 규칙을 부여하기 위하여 훨씬 더 다양한 방법으로 활용되고 있죠. 아, 이 또한 챗지피티의 대답이었습니다. 그럼 이제부터 이런 수학적 모델들을 한 가지씩 좀 더 구체적으로 알아보기로 할까요?

04 DB 구조화

01001101010010010011100111000100110101001001001110011100010011010101001101010010010110101001001

데이터 간 상관관계에 주목하라!

앞서도 얘기했지만, 데이터가 그저 계속 쌓이기만 한다면 의미가 없습니다. "구슬이 서 말이라도 꿰어야 보배"라는 말이 있듯이 다듬고 정리하여 쓸모 있게 만들어야 비로소 의미가 있는 거죠. 그러니까 데이터도 의미를 얻으려면 관계성을 밝혀서 그들의 이름을 불러주어야 하겠죠? 이처럼 데이터 간 관련성, 즉 상관관계를 밝히는 것은 수학의 매우 중요한 역할 중 하나입니다. 챗지피티에게 이렇게 물었습니다.

"인간 세상에서 데이터 간 상관관계를 통해 쓸모 있는 결과를 이끌어내는 방법의 몇 가지 예시를 알려줘."[4]

4. 필자가 실제로 입력한 질문은 "Please introduce some examples of how the two data correlated and produced useful result in human life."입니다.

{ 그래서 서로 무슨 상관이 있다는 건데? }

상관관계란 무엇일까요? 이미 수학 시간에 배운 사람도 있겠지만, **상관관계**는 "두 변수 사이의 관계에 대한 강도와 방향을 설명하는 통계량"입니다.[5] 주로 데이터 사이의 관계를 이해함으로써 이를 통해 예측하거나 뭔가 결론을 이끌어내기 위해 상관관계를 확인하는 거죠.

예를 들어 의료 분야에서 의사와 연구자는 질병의 원인을 더 잘 이해하고 더 효과적인 치료법을 개발하기 위해 서로 다른 의학적 조건, 치료법 및 결과 사이의 상관관계를 분석합니다. 이 예시에서는 주로 환자, 의사, 병원 등에 의해 많은 양의 데이터가 생성되겠죠. 이렇게 생성된 데이터에는 환자의 의료 기록, 실험실 결과, 영상 연구 및 환자 건강에 영향을 미칠 수 있는 다양한 요인에 대한 정보가 두루 포함될 것입니다. 전통적으로 이런 데이터는 별도의 시스템과 데이터베이스, 쉽게 말해 설치된 특정 프로그램 내 데이터 폴더 안에만 누적되고 저장되어왔습니다. 또한 각자 누적된 양도 워낙 방대하여 이 데이터를 서로 연결하고 통합하여 처리하는 것이 어려웠죠. 이처럼 폐쇄적이다 보니 프로그램 사용자가 어떤 표본을 사용하는지에 따라 편파적인 결과를 도출하거나 결과가 엉뚱하게 왜곡되어버릴 우려도 높았던 거죠.

그러나 인공지능과 빅데이터 기술을 사용함으로써 데이터 처리

5. 좀 더 구체적으로 풀어서 설명하자면 "두 변수 x, y사이의 관계를 좌표평면에 '점'으로 나타낸 '산점도'에서 x값의 변화에 따라 y값의 변화가 있을 때, 두 변수는 상관관계가 있다."고 할 수 있습니다.

에 있어 엄청난 확장성을 갖게 됩니다. 즉 세상에 존재하는 다양한 데이터를 서로 연결하고 통합할 수 있게 된 거죠. 어떤 대상에 관련된 데이터는 표본값이 커질수록 그 대상이 속한 집단 전체의 상태를 대변할 가능성이 높아집니다. 과거에는 일정 수준 이상으로 표본값을 키우는 데 적잖은 한계가 있었습니다. 또한 연구 목적에 따라 각각 달리 수집된 데이터들을 다시 합산해서 재구조화하는 것도 현실적으로 어려웠죠. 표본이 커질수록 높아지는 처리 비용 문제는 고사하고, 데이터 처리 속도가 심하게 늦어지거나, 과부하로 결과값을 계산해내지 못하기도 했으니까요. 하지만 현대의 인공지능 빅데이터 세상에서는 무한에 가까운 방대한 분량의 데이터도 얼마든지 처리가 가능해진 것입니다.

인공지능, 수학의 분석력에 날개를 달다

자, 그럼 인공지능은 빅데이터를 어떻게 처리하는지 살펴볼까요? 의료 분야를 예로 든 김에 좀 더 살펴볼게요. 병원은 인공지능과 빅데이터 기술을 사용하여 환자의 전자 진료 기록의 데이터를 실험실 결과 및 영상 연구의 데이터와 연결할 수 있습니다. 이 데이터는 기계 학습 알고리즘에 의해 분석되고 처리되어 환자의 건강과 관련될 수 있는 패턴과 추세를 식별하며, 현재 환자의 더 나은 치료 방법을 제공하고 그들의 건강에 대해 더 많은 정보에 입각한 결정을 내릴 수 있게 되었습니다.

사실 이런 노력은 이미 인공지능 기술이 등장하기 전부터 이루어졌습니다. 다만 매우 성가시고 수고로운 방법이었죠. 과거의 사례를 하나 살펴볼까요? 19세기, 빅토리아 여왕 시대의 영국에서는 콜레라가 크게 유행하여 수만 명의 귀중한 목숨을 앗아갔습니다. 하지만 명확한 발병 원인을 알 수 없었죠. 이때 의사인 존 스노(John Snow, 1813-1858)라는 사람은 콜레라로 목숨을 잃은 희생자의 집을 일일이 방문하여 희생자의 신체적 특성과 거주하는 지역의 환경을 관찰하였습니다. 관찰 결과 그는 비슷한 환경 조건에서도 콜레라에 걸린 사람과 아닌 사람이 있음을 발견했죠. 그래서 이 차이를 하나씩 비교하면서 감염 원인은 사용하고 있는 급수펌프 시설임을 찾아내었습니다. 존 스노가 발품을 팔아서 수고롭게 했던 연구를 지금은 인공지능이 대신하고 있는 것입니다.

최근 교육 분야에서도 인공지능을 활용하여 개별화 · 차별화된 맞춤형 학습을 실현하기 위한 시도가 활발히 진행되고 있습니다. 사교육과 관련된 어떤 TV 광고 내용이 떠오릅니다. 비록 시험에서 답을 맞혔지만, 인공지능은 그것이 찍어서 맞힌 것임을 알고 있다는 내용이었죠.

앞으로는 사교육뿐만 아니라 공교육에서도 인공지능이 폭넓게 활약할 것으로 기대됩니다. 빅데이터, 인공지능 알고리즘 등을 사용하여 학습 경험을 각 학생의 개별적인 필요와 능력에 맞게 조정하는 접근 방식입니다. 예컨대 학생 평가, 교실 관찰, 교사와 학부모의 피드백 등 다양한 소스의 데이터를 연결하고 통합하는 거죠.

#빅데이터 #인공지능 #알고리즘 #맞춤형_교육

이 데이터는 기계 학습 알고리즘에 의해 분석되고 처리되어 학생의 학습과 관련될 수 있는 패턴과 추세를 식별할 수 있습니다. 이를 통해 학생의 강점, 약점 및 학습 스타일을 고려한 개인화된 학습 계획을 제안할 수 있습니다. 학교는 학생 개개인에 더 맞춤화되고 효과적인 학습 경험을 제공할 수 있고, 학생 각자의 잠재력을 실현하도록 도울 수 있습니다.[6]

기상학, 경제학, 사회과학 등 다양한 분야에서는 이미 인공지능이 널리 활용되고 있죠. 기상학자들은 더 정확한 일기예보를 하기 위해 기온, 강수량, 풍속과 같은 다른 날씨 패턴 사이의 다양한 상관관계를 분석합니다. 한편 경제학자들은 경제 상태를 더 잘 이해하고 더 많은 정보에 입각한 결정을 내리기 위해 인플레이션, 고용, 국내총생산과 같은 다른 경제 지표들 사이의 상관관계를 찾을 수 있습니다. 사회과학의 연구자들은 근본적인 사회 구조와 역학을 더 잘 이해하기 위해 교육, 소득, 그리고 건강과 같은 다른 사회 변수들 사이의 상관관계를 찾기 위해 노력합니다. 데이터의 상관관계 분석은 복잡하게 얽힌 시스템을 이해하고 유용한 통찰력과 예측을 생성하는 데 도움이 되는 매우 강력한 도구입니다.

인공지능의 상관관계 분석력은 이제 얼핏 서로 관련이 전혀 없어 보이는 것들 간의 관계성도 밝혀내는 수준에 이르렀습니다. 예컨대 2020년 5월, 신한카드 빅데이터 연구소는 SNS에서 홈라이프 연관

6. 교육 현장에서 인공지능의 활용에 관한 내용은 7장에서도 다룰 것입니다.

어 언급량의 변화에서, '주거 지역'과 '오피스 지역' 내 '제과 업종이용 증감률'이라는 얼핏 서로 연관성이 없어 보이는 두 데이터를 연결하여 코로나19로 인한 사람들의 생활패턴, 소비패턴의 변화를 분석하기도 했죠.[7] 2020년 5월은 여러분도 기억하겠지만, 전국민적 관심이 오직 코로나19 확산 방지에 집중되어 있던 때입니다. 이에 학교와 직장이 원격교육, 원격근무 체제로 전환되면서 가정에서 생활하는 시간이 크게 증가하였고, 이는 홈라이프에 관련 키워드 언급량의 증가와 집 근처 업종 이용의 증가로 이어졌습니다. 이런 생활패턴의 변화가 우리의 삶에 미친 영향을 데이터를 통해서 분석한 것입니다. 얼핏 서로 다른 성격으로 상관관계가 없다고 여겨지던 데이터들이 코로나19로 인한 삶의 변화에서 의미 있는 연관성을 지니고 있다는 것을 밝혀낸 거죠.

7. "포스트 코로나 시대 주목할 소비 트렌드 S.H.O.C.K"(트렌드클립), 《신한카드 홈페이지》, 2020.05.14. https://www.shinhancard.com/pconts/html/benefit/trendis/MOBFM501/1198757_3818.html

인공지능이 처리할 수 있는 데이터란?

인공지능이 학습하기 위해서는 인공지능이 처리할 수 있는 형태의 데이터를 입력하는 것이 중요해요. 데이터는 데이터의 구조에 따라 정형 데이터와 비정형 데이터로 구분할 수 있습니다. 정형 데이터는 구조가 명확한 표로 정리할 수 있는 데이터를 말하며, 수치형 데이터와 범주형 데이터로 구분할 수 있어요. 한편 비정형 데이터는 정형 데이터를 제외한 모든 데이터를 아우릅니다. 예컨대 우리가 보는 영상도 비정형 데이터이며, 이미지, 사진도 비정형 데이터이며, 뉴스 기사도 비정형 데이터예요. 이런 비정형 데이터를 컴퓨터가 처리할 수 있는 형태로 표현해야 하는데, 이때 수학이 활용돼요. 그래서 이번 장에서는 컴퓨터에 입력할 수 있는 형태로 데이터를 변환하는 방법과 반대로 컴퓨터가 사람이 이해할 수 있게 데이터를 출력하는 방법에 대해서 알아보려고 합니다.

데이터의 입력과 출력

MBTI가 4차원 벡터라고?

수학 시간에 연산, 집합, 도형, 함수 등 다양한 영역을 배우는 것처럼 수학은 다양한 학문적 분류가 가능합니다. 크게 분류하면 다음과 같습니다.

- **대수학**: 숫자를 대표하는 일반적인 문자를 사용하여 수의 관계, 성질, 계산 법칙 등을 연구하는 학문
- **기하학**: 도형 및 공간의 성질에 대하여 연구하는 학문
- **해석학**: 함수, 수열, 극한, 연속성, 미분, 적분 등의 개념을 다루며 수학적 객체의 변화와 그들의 특성을 이해하고 연구하는 학문

여기에서 살펴볼 것은 바로 대수학이에요. 위의 내용에서 설명한 것처럼 수(數)를 대신하여 문자를 사용하는 특징에 착안하여 붙여

진 이름입니다. 즉 숫자가 아닌 다양한 수학적 대상을 연구하는 학문인 대수학은 수학적 구조에 대한 성질을 연구하는 학문으로, 다루는 수학구조에 따라 선형대수학, 군론, 환론 등으로 또다시 세분할 수 있어요. 그중 선형대수학(linear Algebra)은 벡터, 행렬, 벡터 공간, 선형변환 등을 다루고 있죠.

인공지능이 처리할 수 있게 비정형 데이터를 벡터로 표현하라!

인공지능에 입력할 데이터는 대부분 비정형 데이터입니다. 컴퓨터가 이런 비정형 데이터를 처리하려면(선형대수의 수학적 구조 중 하나인) '벡터 공간'으로 표현해야만 합니다. 벡터를 배우지 않은 독자들을 위해 조금 이해하기 쉽게 설명해볼까요? **벡터**란 쉽게 설명하면 "크기와 거리, 방향 등으로 인해 정해지는 값"을 말하는데, 수학 기호로는 **화살표로 표시**됩니다. 예를 들어 왼쪽과 같이 강아지(A · B · C) 3마리가 있다고 생각해봐요. 이들 강아지의 나이

강아지 A· B· C

여기 예시로 제시한 강아지 A · B · C는 인공지능에게 그려달라고 한 것입니다. 앞으로 이 책에 등장하는 그림들의 상당수는 인공지능이 그려준 것이에요.

강아지 A·B·C의 나이와 체중

	강아지 A	강아지 B	강아지 C
나이	2살	3살	2살
체중	3kg	5kg	2kg
벡터로 표현	A(2, 3)	B(3, 5)	C(2, 2)

와 체중은 위의 표에서 정리한 것처럼 강아지 A는 2살에 3kg, 강아지 B는 3살에 5kg, 강아지 C는 2살에 2kg이라고 가정합시다.

그럼 이 세 마리 강아지의 특성을 인공지능이 이해할 수 있는 데이터로 변경하기 위하여 하나의 공간에서 표현해볼게요. 먼저 강아지를 "이름(나이, 체중)"으로 나타내 봅시다. 예를 들어 2살에 3kg인 강아지 A는 A(2, 3)로 표현할 수 있겠죠. 마찬가지로 강아지 B와 C도 B(3, 5), C(2, 2)로 각각 표현할 수 있어요. 그리고 이제 가로축은 강아지의 나이, 세로축은 강아지의 체중으로 하는 좌표평면을 그린다면 오른쪽 그래프처럼(49쪽 참조) 세 마리의 강아지 각각을 좌표평면의 한 점으로 표현할 수 있을 거예요. 이때 그래프에 표시한 것처럼 원점에서 출발하여 강아지를 나타내는 점에 도착하는 화살표를 그릴 수도 있어요. 우리는 세 마리의 강아지를 '나이'라는 하나의 차원과 '체중'이라는 또 다른 차원으로 표현했어요. 그리고 이 두 차원을 결합하여 (나이, 체중)의 '순서쌍' 형태로 표현하고, 이를 좌표평면에 나타내었어요. 우리는 세 마리의 강아지를 2차원 공간에 순서쌍 (나이, 체중)의 형태로 표현한 것이에요.

이처럼 순서를 정하여 수를 나열한 것을 '벡터'라고 합니다. 아까

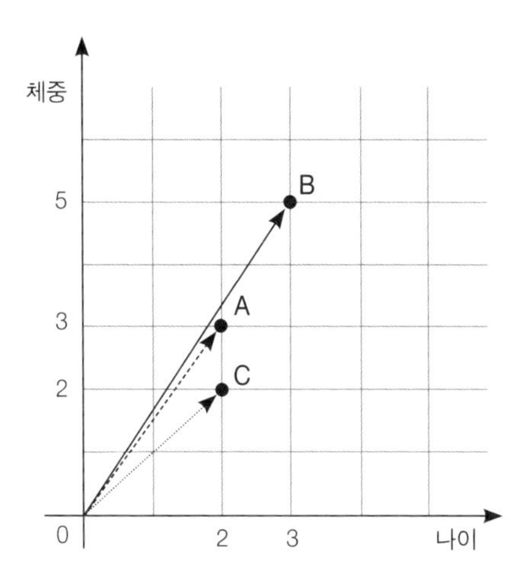

비정형데이터를 2차원 벡터로 표현한 그래프
강아지 A, B, C를 각각 나이와 체중의 2가지 차원으로 벡터 공간, 즉 좌표평면에 표시한 것입니다.

도 말했지만, 화살표 기호를 사용하죠. 그래서 $\vec{a}$라고 나타내거나, 시작점과 끝점을 알기 쉽게 $\overrightarrow{OA}$로 나타낼 수 있어요. 이제 강아지 A를 벡터로 나타내면 다음과 같습니다.

$$\vec{a} = \overrightarrow{OA} = (2, 3)$$

크기와 방향을 표현하다

강아지의 나이와 체중을 벡터로 나타내 보면서 뭔가 떠오르는 것이 있나요? 네, 맞습니다. 벡터는 크기와 방향이 있습니다. 벡터의 방향은 시작점에서 끝점이 향하는 방향이고, 벡터의 크기는 벡터의 길이, 즉 시작점에서 끝점까지 거리를 의미하죠. 비정형 데이터는 데이터의 '속성'을 기준으로 벡터로 표현할 수 있습니다. 위의 강아지의 경우에는 2가지 속성인 나이와 체중을 기준으로 벡터로 표현한 거죠. 그럼 이제 여러분도 비정형데이터를 벡터로 표현할 수 있겠죠? 확인을 위해 예를 하나 더 들어볼까요? 어떤 학생이 일주일 동안 게임을 했던 시간을 요일마다 정리해보니 다음의 표와 같다고 생각해봐요.

요일별 게임 시간

	월	화	수	목	금	토	일
게임시간	1시간	1시간	2시간	1시간	3시간	3시간	2시간

게임 시간을 일주일(7일)이라는 속성을 기준으로 (월, 화, 수, 목, 금, 토, 일) 형식의 순서쌍으로 표현하면 다음과 같습니다.

$$\overrightarrow{\text{게임시간}} = (1, 1, 2, 1, 3, 3, 2)$$

벡터에서는 이런 속성의 개수를 '**차원의 수**'라고 합니다. 현재는 게임 시간을 일주일이라는 7차원 데이터로 표현한 거죠.

{네 가지 속성을 기준으로 4차원 벡터로 표현한 MBTI}

요즘 MZ세대들이 열광하는 것 중에 MBTI가 있죠. 심지어 연애나 우정도 서로의 MBTI를 맞춰본다고 합니다. 얼마나 유행인지 심지어 강아지들에 대한 MBTI를 분석한 '견비티아이'까지 나왔다고 합니다. 아마 여러분도 재미 삼아 MBTI를 해본 적이 있을지 모르겠군요. 바로 이 MBTI 검사 결과도 수학과 밀접한 관련이 있습니다.

먼저 MBTI가 어떤 검사인지 간략히 살펴보겠습니다. 성격검사 중 가장 잘 알려진 MBTI(Myers Briggs Type Indicator)는 심리학자 융(C. Jung)의 심리 유형론을 바탕으로 브리그스(Katharine C. Briggs)와 마이어스(Isabel B. Myers)가 오랜 세월 연구한 끝에 개발한 성격 유형 선호지표로써 모두 95문항으로 구성되어 4가지 속성의 관점에서 사람을 분류하는 검사 방법이에요.[1] MBTI는 사람의 성격을 아래의 표처럼 4가지 속성(에너지 방향, 인식기능, 판단기능, 생활양식)으로 구분해요. 이 4가지 속성은 아래처럼 세부항목으로 다시 나누어져 속성마다 둘 중 하나로 결정됩니다.

MBTI 검사의 속성과 세부항목

속성	에너지 방향	인식기능	판단기능	생활양식
세부항목	E(외향형) ↕ I(내향형)	S(감각형) ↕ N(직관형)	T(사고형) ↕ F(감정형)	J(판단형) ↕ P(인식형)

1. 남현욱. (2012). 〈MBTI 성격·적성 검사에서 나타나는 발명 영재의 특성〉. 《한국실과교육학회지》, 25, 1-18.

저도 한번 MBTI 검사를 해보았더니 결과가 ENFP로 나왔고, '재기발랄한 활동가'라고 분석되었죠. 좀 전에 MBTI 검사 결과는 수학과 밀접한 관련이 있다고 했었죠? 그건 바로 이 결과들이 바로 또 다른 벡터의 표현이기 때문입니다. 모든 MBTI 검사 결과는 결국 사람에 대해 네 가지 속성을 기준으로 하여 벡터로 표현한 방법이에요. 전혀 벡터스럽지 않다고요? 그럼 이제부터 조금 더 벡터스럽게 표현해볼게요. 자, ENFP인(이 글을 쓰고 있는 필자인) 저는 벡터로 이렇게 표현할 수 있습니다.

$$\overrightarrow{\text{필자}} = (E, N, F, P)$$

그럼 이 벡터는 몇 차원일까요? 네, 속성이 4개이니까 4차원이죠. 결국 ENFP란 저라는 사람을 일종의 4차원 벡터로 표현한 것이에요. 다시 말해 수학적 관점에서 보면 MBTI 검사는 모든 사람을 이처럼 4차원 벡터로 표현한 것이라고 할 수 있죠. 그런데 이렇게 표현하면 무엇이 좋을까요? 사람이라는 비정형 데이터를 4차원 벡터로 표현하고 나면, 우리는 사람에 대해서 더 잘 이해할 수 있게 되죠. 그 사람의 MBTI를 알면 그 사람의 성격을 이해할 수 있게 되고, 또 나랑 잘 맞는 유사한 MBTI의 성격 유형은 무엇인지 알 수도 있습니다. 또 서로 얼마나 가까운지 또는 다른지, 즉 **유사도**를 파악할 수 있다는 뜻입니다. 이 유사도에 대해서는 바로 이어서 함께 알아보도록 해요.

02 유사도

010011010100100100111001110001001101010010010011100111000100110101010011010100100101101010010010

얼마나 비슷하게요?

바로 앞 이야기에서 데이터 간의 유사한 정도를 나타내는 것을 수학에서 '**유사도**'라고 한다고 했죠. 유사도를 측정하는 방법도 여러 가지가 있습니다. 하지만 이 책에서는 대표적인 2가지 방법만 소개해드리려고 합니다.[2]

거리로 유사성을 분석하는 유클리드 유사도

첫 번째 유사도는 '유클리드 유사도'라는 이름으로 불리는 '거리'와 관련된 유사도입니다. 유클리드 유사도는 벡터 공간에서 두 벡터 사이의 **거리**를 측정하여 유사도로 정의하는 거죠.

2. 여기에서 소개한 방법 말고, 좀 더 다양한 유사도 측정 방법을 알아보고 싶다면 관련된 수학책을 찾아 공부해볼 것을 추천합니다.

예를 들어 다음과 같은 두 벡터가 있다고 합시다.

$$\overrightarrow{OA} = (x_1, y_1)$$

$$\overrightarrow{OB} = (x_2, y_2)$$

그럼 두 벡터의 유클리드 유사도는 다음과 같이 정의됩니다.[3]

$$\sqrt{(x_2 - x_1)^2 + (y_2 - y_1)^2}$$

이것을 다시 그림으로 설명하면 아래와 같아요. 유클리드 유사도는 바로 두 점, A와 B 사이의 거리를 의미합니다.

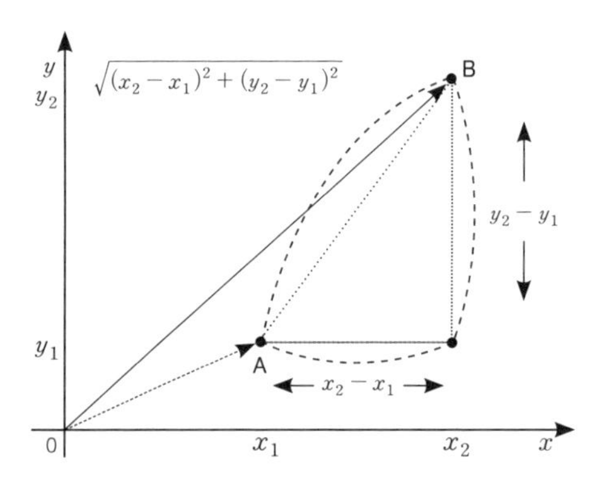

두 벡터 간 유클리드 유사도

두 벡터가 있다고 했을 때, 유클리드 유사도는 위 그림에 정리된 것처럼 두 벡터 간 거리로 유사도를 측정하는 방식입니다.

3. 다만 이 책은 교과서는 아니기 때문에 정의, 공식에 대한 상세한 설명은 생략합니다. 좀 더 깊이 알고 싶다면 관련 수학책을 참고하기 바랍니다.

이 그래프를 보면서 혹시 떠오르는 게 있었나요? 만약 피타고라스 정리를 떠올렸다면 수학적 감각이 있으세요. 유클리드 유사도는 좌표평면(공간)에서 거리를 측정하는 방법으로 피타고라스 정리를 기본으로 합니다. 이는 좌표평면에서 두 점 A, B 사이의 거리를 의미하죠. 앞선 이야기에서 예로 들었던 강아지 세 마리를 벡터로 표현한 그림을 다시 한번 가져와서 살펴볼게요.

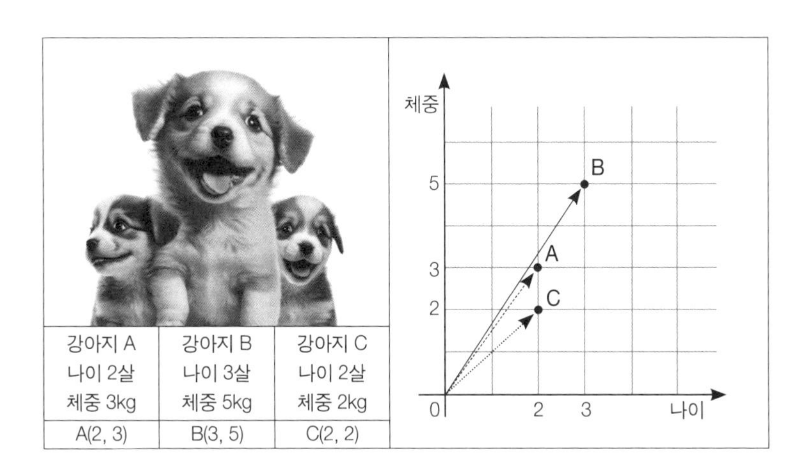

자, 위의 강아지 세 마리의 모습을 봐주세요. 육안으로는 세 마리의 강아지 중 왼쪽 강아지 A와 오른쪽 강아지 C가 비슷해 보여요. 이는 좌표평면(그림의 오른쪽)에서의 거리도 마찬가지라는 것을 확인할 수 있죠. 강아지 A와 강아지 C의 유클리드 유사도를 계산해봅시다. 54쪽의 공식에 대입하면 다음과 같겠죠?

$$\sqrt{(2-2)^2+(3-2)^2} = \sqrt{1} = 1$$

한편 강아지 A와 강아지 B를 나타내는 벡터 사이의 유클리드 유사도는 어떻게 계산할 수 있을까요? A 강아지의 나이는 2살, B 강아지의 나이는 3살입니다. 그리고 A 강아지의 몸무게가 3킬로, B강아지의 몸무게는 5킬로니까 이를 앞서 제시했던 공식에 각각 대입하면 다음과 같습니다.

$$\sqrt{(3-2)^2+(5-3)^2} = \sqrt{5}$$

마찬가지로 강아지 B와 강아지 C를 나타내는 벡터 사이의 유클리드 유사도도 같은 방법으로 계산할 수 있습니다.

$$\sqrt{(3-2)^2+(5-2)^2} = \sqrt{10}$$

이처럼 각각의 유사도를 비교해보니 강아지 A와 강아지 C의 유사도가 1로 가장 작은 값을 갖네요. 유클리드 유사도는 거리를 의미하기 때문에 거리가 가까울수록 유사하다는 뜻입니다. 따라서 강아지 A와 강아지 C가 유사하다고 볼 수 있죠. 다만 현재 A와 C의 유사도가 높은 것은 나이가 2살이라는 공통점이 있기 때문으로 생각할 수 있습니다. 앞으로 5년 후 두 강아지의 나이가 7살이 되었을 때 강아지들이 서로 다른 방향으로 성장하면서 유클리드 유사도가 지금보다 커져 차이가 날 수도 있다는 뜻이죠. 그렇기 때문에 오직 '거리'만 가지고 유사도를 파악하기에는 살짝 부족합니다.

{방향으로 유사성을 분석하는 코사인 유사도} 거리 말고도 유사도를 측정하는 또 다른 방법이 있습니다. 예컨대 '거리' 대신에 '**방향**'을 기준으로 측정하는 방법이에요. 방향과 관련된 유사도를 '**코사인 유사도**'라고 합니다. 좀 전에 설명했던 유클리드 유사도와 달리 코사인 유사도는 두 벡터 사이의 이루는 **각**에 의하여 얼마나 비슷한지 결정됩니다. 두 벡터 $\overrightarrow{OA} = (x_1, y_1)$, $\overrightarrow{OB} = (x_2, y_2)$ 라 할 때, 코사인 유사도를 정의하면 다음과 같습니다.[4]

$$\frac{x_1 \times x_2 + y_1 \times y_2}{\sqrt{(x_1^2 + y_1^2)}\sqrt{(x_2^2 + y_2^2)}}$$

이를 그림으로 표현해보면 다음과 같습니다. 아래 그래프에서 두 벡터 $\overrightarrow{OA}$, $\overrightarrow{OB}$가 이루는 각을 그림처럼 θ라 하면 코사인 유사도는 $\cos\theta$를 의미합니다.

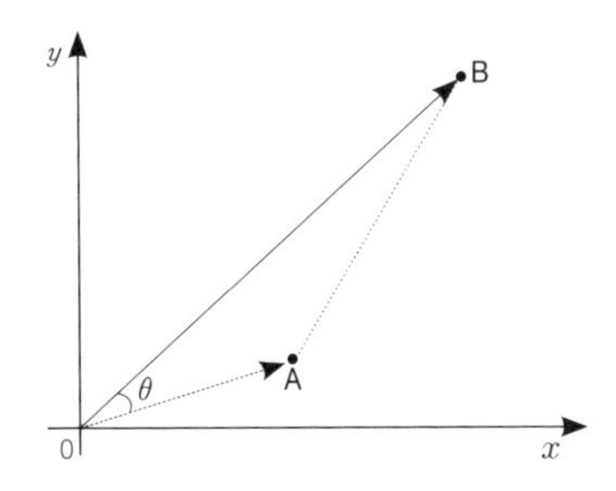

두 벡터 간 코사인 유사도

두 벡터가 있다고 했을 때, 코사인 유사도는 위 그림에 정리된 것처럼 두 벡터 간 각도로 유사도를 측정하는 방식입니다.

4. 여기에서도 마찬가지로 일단 정의, 공식에 대한 설명은 생략하겠습니다.

코사인 유사도는 cos 함수의 특성으로 -1에서 1 사이의 값을 갖습니다. 즉 만약에 두 벡터가 이루는 각이 0이라면 서로 방향이 완전히 일치한다는 뜻이므로 코사인 유사도는 1로 최댓값을 갖습니다. 한편 두 벡터가 이루는 각이 180도이면 어떻게 될까요? 맞습니다. 방향이 정반대라는 뜻이므로 코사인 유사도는 -1로 최솟값을 갖게 되는 거죠. 따라서 코사인 유사도는 1에 가까워질수록 두 벡터가 이루는 각이 작아져서 서로 유사하다고 볼 수 있어요. 만약 여러분이 고등학교 기하 과목을 공부하셨다면 벡터의 내적(內積)과 관련된 다음의 식을 본 적이 있을 것입니다.

$$\vec{a} \cdot \vec{b} = |\vec{a}||\vec{b}|\cos\theta$$

바로 이 식으로부터 유도할 수 있는 유사도가 코사인 유사도입니다. 그럼 다시 강아지 세 마리가 서로 얼마나 비슷한지 코사인 유사도를 확인해볼까요? 55쪽 그림을 보면 강아지 A와 강아지 B에 대한 두 벡터의 이루는 각이 다른 두 벡터, 즉 A와 C 또는 B와 C가 이루는 각보다 작아서 서로 유사해 보입니다. 이는 강아지 A가 성장했을 때(예컨대 1년 후), 강아지 B와 유사하리라는 것을 예상할 수 있어요. 즉 강아지 A와 B는 나이와 체중을 비교해보았을 때 앞으로 서로 유사한 경향성을 가지며 비슷하게 성장하리라 예측할 수 있죠. 실제 유사도를 계산한 결과는 다음 표와(59쪽 참조) 같아요.

강아지 A, B, C 사이의 유클리드 유사도와 코사인 유사도 값

	유클리드 유사도	코사인 유사도
A와 B	$\sqrt{5}$	$\frac{21}{442}\sqrt{442}$
A와 C	1	$\frac{5}{26}\sqrt{26}$
B와 C	$\sqrt{10}$	$\frac{4\sqrt{17}}{17}$

이외에도 유사도를 정의하는 방법은 많지만, 이 책에서는 여기까지만 다루도록 하겠습니다. 아직 유사도를 구하는 공식에 대한 개념적 이해가 없다고 해도, 유사도는 상황과 목적에 따라서 정의하여 데이터의 비슷한 정도를 분석하는 방법이라는 것은 꼭 기억해주세요.

03 픽셀과 해상도

0100110101001001001110011100010011010100100100111001110001001101010100110101001001011010100100 1

이미지를 행렬로 표현하라!

컴퓨터 모니터 혹은 휴대폰 화면에 보이는 이미지들은 한덩어리처럼 보이지만, 아주 크게 확대하면 사실 점보다 훨씬 더 작고 미세한 수많은 조각들, 즉 **픽셀(pixel)**로 이루어진 집합체입니다. 픽셀이라는 용어가 생소한가요? 픽셀은 일종의 정사각형 하나라고 생각하면 됩니다.

{ 픽셀과 해상도의 관계는? }

여러분도 스마트폰이나 컴퓨터에 가족과 함께 찍은 사진이나 재미있는 그림 등 다양한 이미지가 저장되어 있을 것입니다. 그런 이미지들을 계속 확대하다 보면 원래의 매끄러운 상태가 아니라 가장자리가 자글자글하고 곡선은 마치 계단처럼 보이기도 합니다. 즉 오른쪽 그림처럼(61

쪽 참조) 돋보기로 확대한 부분이 마치 조각조각 깨진 것처럼 보이죠? 실제로 세상의 모든 이미지는 크게 확대하면 수많은 정사각형 조각들로 이루어지는데, 이 정사각형 하나를 픽셀이라고 해요. 휴대폰 광고에서 카메라 성능을 강조할 때 자주 등장하는 '화소'라는 말은 들어보셨죠? 최신 스마트폰에 무려 2억 화소 카메라가 탑재되었다는 기사를 본 적이 있는데, 그 화소가 바로 픽셀이에요.

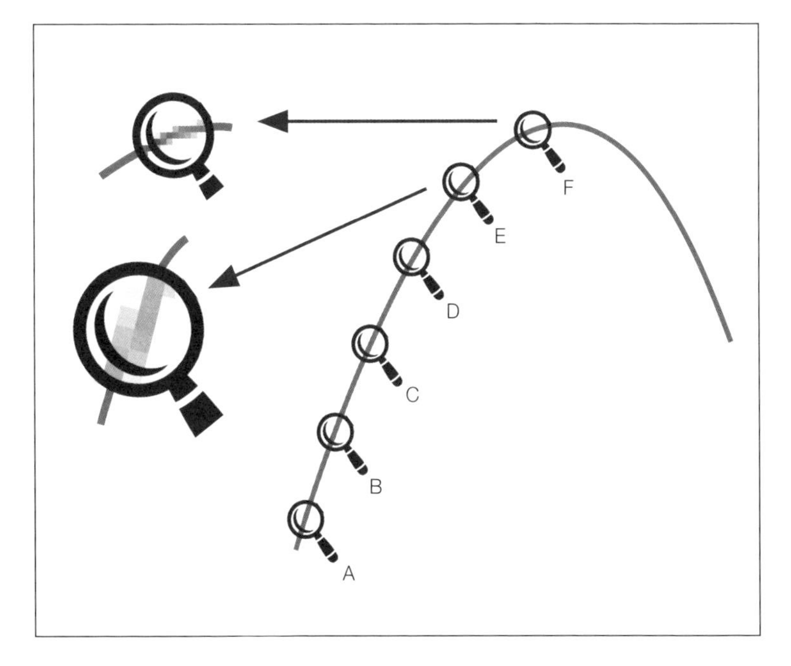

픽셀로 이루어진 이미지

컴퓨터 화면에서 선이나 면으로 보이는 이미지들은 모두 작은 조각, 즉 픽셀들의 조합입니다. 매끄럽게 보이는 곡선도 크게 확대하면 작은 조각들이 무수히 이어진 모습을 확인할 수 있습니다.

그러면 해상도는 어떻게 표현할까요? 우리가 사용하는 컴퓨터의 설정에서 디스플레이를 클릭하면 다음의 그림처럼 디스플레이 해상도를 확인할 수 있습니다. 사용자가 해상도를 조정할 수도 있죠. 해상도는 가로 픽셀의 수와 세로 픽셀의 수를 곱하기로 표현됩니다. 아래의 그림에서 1920은 모니터 화면에 보이는 가로 픽셀(정사각형)의 수가 1,920개인 것을 의미하고, 1080은 세로 픽셀(정사각형)의 수가 1,080개임을 의미하는 거죠.

디스플레이 해상도

1920 × 1080(권장)

따라서 해상도를 높인다는 것을 달리 표현하면 결국 한정된 크기의 가로, 세로에 들어가는 픽셀의 수, 즉 정사각형의 개수를 늘린다는 의미와 같습니다. 왜냐하면 모니터의 크기를 늘릴 순 없으니까요. 가로, 세로에 들어가는 픽셀의 수를 늘릴수록 정사각형의 크기는 당연히 더 작아지겠죠? 따라서 그림을 더욱 정교하게 표현할 수 있게 되는 것입니다.

{인공지능이 이해할 수 있게 이미지를 수학적으로 표현하라!}

자, 이제 화면에 구현된 모든 이미지는 픽셀로 구성되어 있다는 것을 알게 되었어요. 그렇다면 이미지를 인공지능도 이해할 수 있게 수학적 대상으로 변환할 수 있을까요? 물론입니다. 그 과정을 간단히 정리하면 다음과 같아요.

1. 먼저 이미지를 작은 정사각형으로 나눠요.
2. 각 픽셀의 색깔을 기준으로 흰색이면 1, 검은색이면 0으로 대응시켜서 나타내요.

예를 들어 설명하면 아래의 그림과 같을 수 있죠.

(이미지)	검은색과 흰색으로만 이루어진 간단한 이미지
먼저 이미지를 같은 크기의 정사각형으로 나눠요(여기서는 편의상 8×8)	
(이미지)	가로 8개, 세로 8개인 픽셀로 나눈 모습
각 픽셀의 색깔을 기준으로 흰색이면 1, 검은색이면 0으로 대응시켜서 나타내요.	
(숫자 격자)	각 픽셀을 수(1 또는 0)로 표현한 모습

1	0	0	1	1	0	0	1
1	0	1	0	0	1	0	1
0	1	1	1	1	1	1	0
0	1	0	1	1	0	1	0
0	1	1	1	1	1	1	0
1	0	1	0	0	1	0	1
1	1	0	1	1	0	1	1
1	1	1	0	0	1	1	1

그리고 이렇게 사각형으로 표현된 것을 다시 행렬로 표현할 수 있어요. 행렬로 표현하면 다음과 같습니다.

$$\begin{pmatrix} 1&0&0&1&1&0&0&1 \\ 1&0&1&0&0&1&0&1 \\ 0&1&1&1&1&1&1&0 \\ 0&1&0&1&1&0&1&0 \\ 0&1&1&1&1&1&1&0 \\ 1&0&1&0&0&1&0&1 \\ 1&1&0&1&1&0&1&1 \\ 1&1&1&0&0&1&1&1 \end{pmatrix}$$

멀찍이 떨어져 눈을 가늘게 뜨고 보면 앞선 이미지의 형태가 어렴풋이 보일 거예요. 하지만 겨우 이 정도만 표현할 수 있다면 곤란합니다. 왜냐하면 실제 존재하는 이미지들은 앞선 예시처럼 오로지 완벽한 검은색과 흰색으로만 구성되어 있지 않으니까요.

명도가 다양한 흑백 이미지를 행렬로 표현하면?

흑백사진을 자세히 들여다보면 완전한 흰색부터 밝은 회색, 짙은 회색, 시꺼먼 색 등 생각보다 색 구성이 복잡하다는 것을 알 수 있습니다. 이런 미묘한 명도 차이도 행렬로 표현할 수 있을까요? 가능합니다. 먼저 속성을 나눠야겠죠? 흑백이미지를 숫자로 표현하려면 속성은 어떻게 나눠야 할까요? 밝은 회색, 짙은 회색 등 '밝기'를 기준으로 표현할 수 있으니, '밝기'가 속성이 되겠군요. 단, 이미지를 픽셀 단위로 나누는 과정은 앞서 처음에 설명한 흑과 백의 이미지와 동일하게 진행하되, 그 이후 기준을 변경해요. 각 픽셀의 색깔을 기준으로 흰색이면 255, 검은색이면 0으로 대응하는 거죠. 검은색과 흰색의 중간인 회색은 그 밝기에 비례해서 0과 255 사이의 수에 대응시키는 것입니다. 다음의 그림처럼 말이죠.

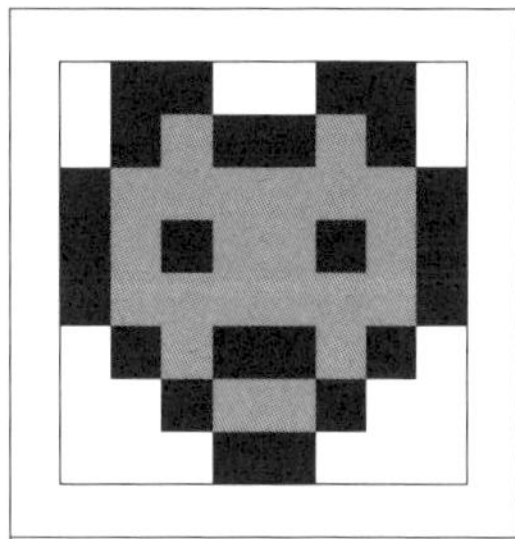

흑백 이미지

먼저 이미지를 같은 크기의 작은 정사각형으로 나눠요(여기서는 편의상 8×8)

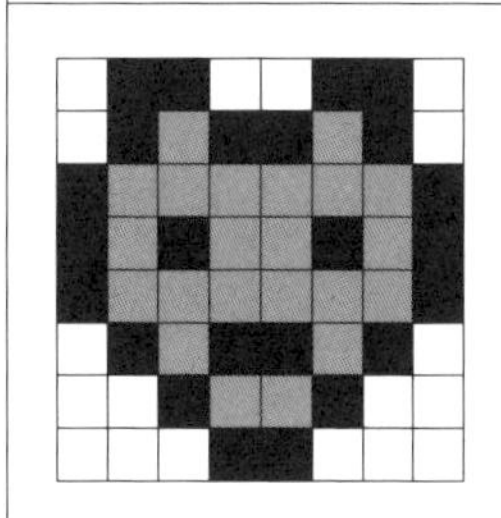

가로 8개, 세로 8개인 픽셀로 나눈 모습

각 픽셀의 색깔을 기준으로 흰색이면 255, 검은색이면 0으로 대응하고, 회색이면 밝기에 비례해서 0과 255 사이의 수에 대응시켜요.

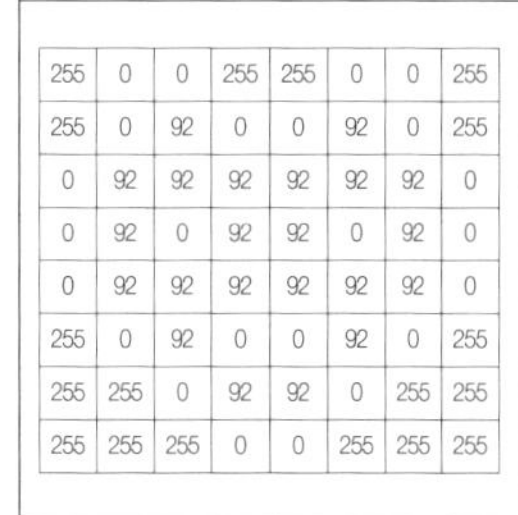

255	0	0	255	255	0	0	255
255	0	92	0	0	92	0	255
0	92	92	92	92	92	92	0
0	92	0	92	92	0	92	0
0	92	92	92	92	92	92	0
255	0	92	0	0	92	0	255
255	255	0	92	92	0	255	255
255	255	255	0	0	255	255	255

각 픽셀을 수(0~255 사이)로 표현한 모습

{컬러 이미지를 행렬로 표현하면?} 세상은 온통 알록달록한데, 오직 흑백 이미지만 수학으로 표현할 수 있다면 문제가 있겠죠? 그렇다면 컬러 이미지는 어떻게 표현할 수 있을까요? 컬러 이미지도 흑백 이미지처럼 이미지를 픽셀로 나누는 것까지는 동일한 과정을 거칩니다. 그러고 나서, 픽셀마다 빛의 3원색인 빨강(R), 초록(G), 파랑(B)의 채널로 각각 나누어서 표현하면 됩니다. 이를 RGB입력방식[5]이라고 하죠. 즉 3개의 채널로 나뉘게 되는 것입니다. 그리고 각각의 채널마다 0부터 255 중 하나씩 대응하여 표현하면 되는 거예요.

예컨대 입술 모양의 경우 일반적으로 빨간색으로 색칠할 것입니다. 그렇기 때문에 G와 B채널보다는 R채널의 값이 더 크겠죠? 오른쪽(67쪽 참조)은 R채널과 G채널, B채널 각각에서 픽셀마다 0부터 255 중의 값을 입력한 것을 다시 행렬로 표현한 것입니다. R채널은 입술에 해당되는 위치에서 212로 그 값이 높게 나왔지만, G와 B 채널에서는 12로 낮게 나온 것을 확인할 수 있을 거예요(▒ 표시 참고).

이처럼 인공지능은 컬러 이미지를 픽셀 단위로 잘게 나누고 각 픽셀에 해당하는 색깔을 RGB 채널로 나눈 후에 채널마다 각각 0에서 255까지 정수에 대응시켜 표현하는 것입니다. 그리고 이는 정리한 것처럼 3개의 채널을 각각 나타내는 행렬로 간단히 표현할 수 있는 거죠.

5. 빛의 삼원색인 적, 녹, 청색의 색 신호를 별도 채널로 입력하는 방식을 말합니다.

$$
I_R = \begin{pmatrix}
255 & 0 & 0 & 255 & 255 & 255 & 255 & 255 & 0 & 255 \\
255 & 0 & 183 & 0 & 97 & 97 & 0 & 183 & 0 & 255 \\
0 & 183 & 183 & 183 & 183 & 183 & 183 & 183 & 183 & 0 \\
0 & 183 & 9 & 183 & 183 & 183 & 183 & 9 & 183 & 0 \\
0 & 183 & 183 & 183 & 0 & 0 & 183 & 183 & 183 & 0 \\
0 & 183 & 183 & 183 & 0 & 0 & 183 & 183 & 183 & 0 \\
255 & 0 & 183 & 183 & 183 & 183 & 183 & 183 & 0 & 255 \\
255 & 0 & 0 & 183 & 212 & 212 & 183 & 0 & 0 & 255 \\
255 & 255 & 0 & 183 & 183 & 183 & 183 & 0 & 255 & 255 \\
255 & 255 & 255 & 0 & 0 & 0 & 0 & 255 & 255 & 255
\end{pmatrix}
\quad
I_G = \begin{pmatrix}
255 & 0 & 0 & 255 & 255 & 255 & 255 & 255 & 0 & 255 \\
255 & 0 & 112 & 0 & 97 & 97 & 0 & 112 & 0 & 255 \\
0 & 112 & 112 & 112 & 112 & 112 & 112 & 112 & 112 & 0 \\
0 & 112 & 24 & 112 & 112 & 112 & 112 & 24 & 112 & 0 \\
0 & 112 & 112 & 112 & 0 & 0 & 112 & 112 & 112 & 0 \\
0 & 112 & 112 & 112 & 0 & 0 & 112 & 112 & 112 & 0 \\
255 & 0 & 112 & 112 & 112 & 112 & 112 & 112 & 0 & 255 \\
255 & 0 & 0 & 112 & 12 & 12 & 112 & 0 & 0 & 255 \\
255 & 255 & 0 & 112 & 112 & 112 & 112 & 0 & 255 & 255 \\
255 & 255 & 255 & 0 & 0 & 0 & 0 & 255 & 255 & 255
\end{pmatrix}
$$

$$
I_B = \begin{pmatrix}
255 & 0 & 0 & 255 & 255 & 255 & 255 & 255 & 0 & 255 \\
255 & 0 & 31 & 0 & 228 & 228 & 0 & 31 & 0 & 255 \\
0 & 31 & 31 & 31 & 31 & 31 & 31 & 31 & 31 & 0 \\
0 & 31 & 236 & 31 & 31 & 31 & 31 & 236 & 31 & 0 \\
0 & 31 & 31 & 31 & 0 & 0 & 31 & 31 & 31 & 0 \\
0 & 31 & 31 & 31 & 0 & 0 & 31 & 31 & 31 & 0 \\
255 & 0 & 31 & 31 & 31 & 31 & 31 & 31 & 0 & 255 \\
255 & 0 & 0 & 31 & 12 & 12 & 31 & 0 & 0 & 255 \\
255 & 255 & 0 & 31 & 31 & 31 & 31 & 0 & 255 & 255 \\
255 & 255 & 255 & 0 & 0 & 0 & 0 & 255 & 255 & 255
\end{pmatrix}
$$

RGB 채널로 정리한 행렬[6]

R채널, G채널, B채널마다 각 픽셀에 0부터 255중 숫자를 하나씩 대응하여 행렬로 정리한 것입니다.

한편 이처럼 행렬을 중첩하여 표현하는 것을 인공지능에서는 **텐서(tensor)**라는 이름을 붙여 부르기도 합니다. 이미지를 행렬로 변환하는 활동은 한국과학창의재단에서 개발한 AI 웹 실험실[7]에서 여러분이 직접 실습해보실 수도 있습니다. 관심이 있으면 해당 사이트에 접속하여 다양한 이미지를 그려보세요.

6. QR코드로 확인하면 컬러 이미지를 보실 수 있습니다.
7. 사이트 주소는 다음과 같아요.
https://askmath.kofac.re.kr/ai/imageAnaly/imageAnalysis.do?menuPos=6

01001101010010010011100111000100110101001001001110011100010011010101001101010010010110101001001

기준이 모호한 문제들을 수학적으로 접근하다

이번에 여러분과 함께 살펴보고 싶은 것은 바로 집합입니다. 수학에서는 주어진 조건에 따라 대상을 분명하게 정의할 수 있을 때, 그 대상들의 모임을 '**집합**'이라고 부르죠. 예를 들어 5보다 작은 자연수의 모임은 그 대상이 1, 2, 3, 4로 분명하므로 집합입니다. 또 100 이하 소수(素數)의 모임은 어떤가요? 소수는 1과 그 수 자신 외의 자연수로 나눌 수 없는 자연수만 해당되니까 2, 3, 5, 7, 11, 13… 97로 대상이 분명하므로 역시 집합입니다.

그러나 우리의 현실에서는 주어진 조건에 의하여 대상을 분명하게 정할 수 없는 경우도 많아요. 예를 들어 유명인들의 모임은 '유명인'이라는 기준이 연예인, 운동선수, 정치인, 인플루언서 등 다양할 수 있고, 또 얼마나 인지도를 갖는지에 대한 기준도 명확하지 않아 그 대상을 분명하게 정할 수 없어서 수학적으로는 집합이 아니에요.

{ 기준이 애매한 것들을 수치화하려면? }

하지만 현실에서는 수학적으로 명료하지 않은 기준도 통용되곤 합니다. 즉 비록 기준이 수학적으로는 다소 모호할지라도 정도에 따라서 단계별로 군집화하여 그룹을 나누기도 하는 거죠. 예를 들면 다음과 같은 것들을 생각해볼 수 있습니다.

· 전 세계 셀럽들의 모임

· 유명한 정치인들의 모임

· 슈퍼스타 축구선수들의 모임 등

이처럼 세상에는 사람마다 기준이 다소 다를 순 있지만, 그렇다고 기준이 아예 없다고 할 순 없는 애매한 것들이 많습니다. 이런 모호한 것들을 분류하는 아이디어에 착안한 것이 바로 **퍼지이론**[8]이에요. 퍼지(Fuzzy)라는 단어는 '애매한', '불명확한'이라는 뜻인데, 이와 마찬가지로 퍼지이론은 불명확한 기준을 수치화하여 표현해주는 방법입니다. 예를 들어 "이 축구 선수는 빠르다."라고 할 때, '빠르다'라는 표현은 불명확한 조건이 됩니다. 왜냐하면 이 '빠르다'라는 표현이 "어느 정도 속도이면 빠른 것일까?"가 미리 정의되지 않았기 때문이에요. 이에 '빠르다'라고 할 때는 마음속으로 생각하는 '빠른 속도의 범위'가 있고, 이 범위에 속하는 '빠른 속도'들을 집합으로 표현할 수 있으며, 이를 **퍼지 집합**이라고 합니다.

8. Zadeh, L. A. (1965). Fuzzy sets. *Information and control*, 8(3), pp. 338-353.

인공지능이 바라보는 분홍색은?

퍼지이론은 집합, 특성 함수 개념과 비교하여 생각해볼 수 있어요. X라는 집합과 A라는 집합이 있다고 합시다. 두 집합이 공유하는 원소도 있을 수 있겠고, 공유하지 않는 원소도 있을 수 있겠죠? 특성 함수란 집합 X의 원소 x가 A에 속하면 1, A에 속하지 않으면 0을 나타내는 함수인데 기호로는 $\chi_A(x)$라고 쓰고, 다음과 같이 정리할 수 있습니다.

$$\chi_A(x) = \begin{cases} 1 \ (x \in A) \\ 0 \ (x \notin A) \end{cases}$$

그리고 이것은 인공지능의 **활성화 함수**[9]의 개념과도 유사한 측면이 있어요. 퍼지이론에서는 퍼지 집합에 대하여 멤버십 함수(membership function)를 정의해요. 멤버십 함수는 기호로 μ를 사용하며 집합 X의 원소 x가 A에 속하는 정도를 나타내요.

$$\mu_A(x) \in [0,1]$$

사실 데이터가 어떤 그룹에 속하는지 분류하는 인공지능 모델은 학습하여 예측한 결과를 "어떤 그룹에 속한다"와 같이 명확하게 답을 내놓지 않습니다. 예를 들어 색깔을 3가지 색(빨간색, 초록색, 파란

9. 활성화 함수에 관해서는 이후 4장에서 다시 살펴볼 예정입니다.

색)으로 분류하는 인공지능 모델에게 '분홍색'을 입력하면 과연 어떻게 답할까요? 초록색과 파란색, 빨간색으로 분류하니 그냥 "빨간색"이라고 답할까요? 그런 부정확한 답변을 낸다면 곤란하죠. 인공지능은 이런 식으로 답합니다.

이렇게 확률과 비슷한 형태로 대답해주는 식이에요. 이러한 인공지능 답변이 바로 이어서 살펴볼 **소프트 라벨**(Soft Label)입니다.

05 소프트 라벨

0100110101001001001110011100010011010100100100111001110001001101010100110101001001011010100100

인공지능은 함부로 단정하지 않지!

앞에서 우리는 인공지능이 이미지 데이터를 어떻게 처리하는지 기본적인 방법을 간단한 사례와 함께 살펴보았습니다. 이제 인공지능이 비정형 데이터를 처리하게 하려면 숫자로 변형해야 한다는 것을 알게 되었을 거예요. 그렇다면 인공지능이 처리한 결과를 우리가 적재적소에 활용하려면 어떻게 해야 할까요? 인공지능은 숫자로 데이터를 처리하여 결과를 도출할 텐데, 이런 답변은 사람에게는 친숙하지 않을 수 있어요. 앞에서 예로 들었던 핑크색에 대한 인공지능의 분석 결과처럼 인공지능은 결국 숫자들을 계산하여 결과로 도출하기 때문이죠. 그렇기 때문에 앞으로 우리에게는 인공지능이 출력한 값을 이해할 수 있는 역량, 즉 인공지능 문해력이 점점 더 중요해질 것입니다. 여기에서는 인공지능이 결과를 출력하는 과정을 함께 살펴보려고 합니다.

{그 일이 실제로 일어날 확률은?} 인공지능이 결과를 출력하는 과정을 살펴보기 위하여 먼저 수학의 **확률** 개념을 알아둘 필요가 있습니다. "어떤 시행에서 사건 A가 일어날 가능성을 수로 표현한 것"이 수학에서의 확률이에요. 이를 사건 A가 일어날 확률이라고 하고, 기호로는 다음과 같이 나타냅니다.

$$\mathrm{P}(A)$$

그럼 예시를 통해 확률을 계산해볼까요? 검은색 구슬 2개, 빨간색 구슬 1개, 흰색 구슬 1개가 들어있는 상자가 있다고 합시다. 이 상자에서 임의로 구슬을 하나 꺼낼 때, 꺼낸 구슬이 검은색 구슬일 확률은 얼마일까요? 전체 구슬의 개수가 4개이고, 그중에서 검은색 구슬이 2개이므로 검은색 구슬이 나올 수 있는 경우의 수는 2가 됩니다. 다음과 같이 검은색 구슬을 꺼낸 확률을 계산할 수 있죠.

$$\text{검은색 구슬을 꺼낼 확률} = \frac{2}{2+1+1} = \frac{2}{4} = 0.5$$

다른 색깔의 구슬을 꺼내게 될 확률도 마찬가지 방법으로 계산할 수 있습니다.

$$\text{빨간색 구슬을 꺼낼 확률} = \frac{1}{4} = 0.25$$

$$\text{흰색 구슬을 꺼낼 확률} = \frac{1}{4} = 0.25$$

그럼 각 구슬을 꺼낼 확률을 (검은색, 빨간색, 흰색) 순으로 앞선 내용에서 살펴본 벡터로 표현하면 다음과 같겠죠?

$$(0.5, 0.25, 0.25)$$

이때 색깔별 확률을 모두 더하면 1이 됩니다.

{ 이 정도 알려줬으면 결정은 네가 해라 휴먼… } 다시 인공지능의 분류로 돌아가 봅시다. 분류 문제를 해결하는 인공지능 모델은 결괏값을 도출할 때, 앞서 색깔을 표현했던 방식인 확률과 비슷한 형태로 표현합니다. 예를 들어 이미지가 강아지, 고양이, 곰돌이를 분류하는 인공지능 모델이 있다고 합시다. 이 인공지능 모델은 오른쪽과 같은 이미지를 보고 우리에게 강아지, 고양이, 곰돌이라고 단정적으로 말해주지 않는 편이에요. 빨간색, 파란색, 초록색으로 분류하는 인공지능 모델이 분홍색을 빨간색일 확률이 얼마, 파란색일 확률이 얼마, 초록색

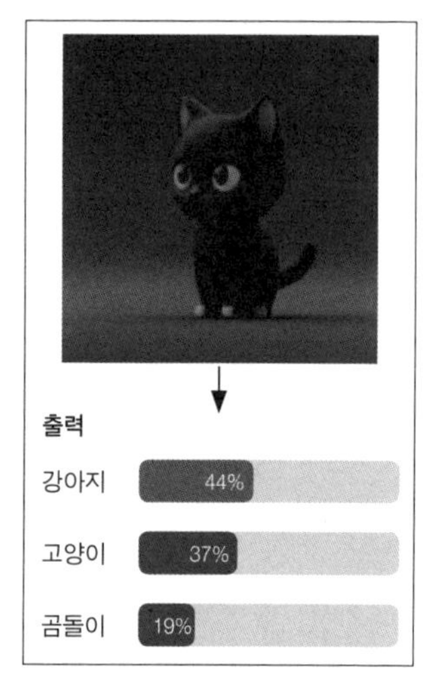

티처블머신의 이미지 분석 결과
강아지, 고양이, 곰돌이를 분류하는 인공지능이 이미지를 보고 분석해낸 결과입니다.

일 확률은 얼마라고 답했던 것처럼 강아지일 확률은 ○%, 고양이일 확률 ○%, 곰돌이일 확률 ○%라고 분석합니다. 그리고 최종 결정을 우리에게 맡기기도 해요. 이것을 바로 인공지능에서는 소프트 라벨(Soft Label)이라고 부르기도 합니다.[10] 예를 들어 티처블머신(Teachable Machine)은 구글에서 제공하는 머신러닝 학습도구로 이미지, 사운드, 포즈 등을 학습할 수 있죠. 이 티처블 머신에 입력하면 74쪽 그림처럼 강아지일 확률 44%, 고양이일 확률 37%, 곰돌이일 확률 19%로 보여줍니다. 이 결과는 제가 인공지능 모델에 강아지 사진, 고양이 사진, 곰돌이 사진을 50장 이상 입력하여 학습시켜서 나온 것입니다. 그리고 나서 강아지, 고양이, 곰돌이를 분류하는 인공지능 모델을 만들고, 만들어진 이 모델을 테스트한 모습이에요. 사실 저는 고양이 이미지를 입력하였지만, 인공지능은 강아지에 확률적으로 좀 더 가깝다고 표현해주었네요. 좀 더 학습이 필요해 보입니다. 인공지능이 이미지를 분류하는 활동은 다음의 사이트에 접속하면 여러분도 직접 체험해볼 수 있습니다.

10. 한편 이에 대응하여 강아지, 고양이, 곰돌이처럼 딱 떨어지게 말하기도 하는데, 이는 Hard Label이라고 부르기도 합니다.

{ 소프트 맥스 함수로 결괏값을 이끌어내는 인공지능 } 인공지능은 분류 모델에서 결괏값을 도출할 때 **소프트 맥스 함수**[11]를 활용하기도 합니다. N개의 그룹으로 분류하는 인공지능 모델이 활용하는 소프트 맥스 함수의 식은 다음과 같이 표현할 수 있습니다(역시 공식에 대한 설명은 생략합니다).

$$i\text{ 번째 그룹으로 분류될 가능성} = \frac{e^{x_i}}{\sum_{k=1}^{N} e^{x_k}}$$

위 식에서 x_i는 N개의 그룹 중 i 번째 그룹으로의 분류와 관련된 결괏값이에요. 예를 들어 검은색 구슬 2개, 빨간색 구슬 1개, 흰색 구슬 1개가 들어있는 상자에서 임의로 구슬을 하나 꺼낼 때, 꺼낸 구슬이 검은색 구슬일 가능성을 소프트 맥스 함수를 이용하여 구하면 다음과 같이 계산할 수 있습니다.

$$\frac{e^2}{e^2 + e^1 + e^1} \approx 0.576$$

앞서 확률로 계산했던 것과 비슷한 값이네요. 흰색 구슬일 가능성을 소프트 맥스 함수를 이용하여 구하면 다음과 같습니다.

11. 주로 인공신경망에서 확률분포를 얻기 위한 마지막 활성함수로 사용됩니다. 이름과 달리 최댓값(max) 함수를 매끄럽거나 부드럽게 한 것이 아니라, 입력값 중 큰 값은 더 크게, 작은 값은 더 작게 만들어 입력벡터를 잘 구분하게 하기 위한 것으로 그 계산 방법은 입력값을 자연로그의 밑으로 한 지수함수를 취한 뒤 그 지수함수의 합으로 나눠주는 것입니다.

$$\frac{e^1}{e^2+e^1+e^1} \approx 0.212$$

흰색 구슬과 같은 개수인 빨간색 구슬을 꺼낼 가능성을 구하는 방법도 마찬가지입니다.

$$\frac{e^1}{e^2+e^1+e^1} \approx 0.212$$

각 구슬을 꺼낼 가능성을 소프트 맥스 함수로 구한 결과를 (검은색, 빨간색, 흰색) 순으로 벡터로 표현하면 (0.576, 0.212, 0.212)입니다. 역시 색깔별 꺼낼 가능성을 모두 더하면 1이에요. 즉 상자에서 어떤 색깔의 구슬을 꺼낼 가능성은 0과 1 사이의 값을 가지며, 모든 가능성을 더하면 1로 확률과 같은 특성을 보입니다. 소프트 맥스로 구한 가능성은 확률과 비교해보면 다음과 같습니다.

확률 : (0.5, 0.25, 0.25)

소프트 맥스 함수 : (0.576, 0.212, 0.212)

둘을 비교해보니 소프트 맥스 함수는 큰 값은 더 크게, 작은 값은 더 작게 만들어주며, 분류를 더 명확하게 할 수 있게 해준다는 사실을 알 수 있죠. 또한 소프트 맥스 함수에서 e^x 지수함수가 사용되고 있어 미분도 가능하다 보니 인공지능에서 유용하게 활용되는 것입니다. 공식이 자꾸 등장해서 벌써 조금 당황한 분도 있을지 모르겠습니다. 누누이 강조하지만, 이 책은 문제풀이가 목적이 아니므로 당장 공식을 이해하거나 외우려고 할 필요는 없습니다. 다만 인공지능의 의사결정에 수학이 어떤 역할을 하는지를 중심으로 이해하며, 좀 더 깊은 내용은 관련 개념을 다룬 수학책을 참고해주면 좋겠습니다.

06 MBTI 궁합표의 진실

01001101010010010011100111000100110101001001001110011100010011010101001101010010010110101001001

너와 나는 영혼의 단짝일까?

2장을 마무리하기 전에 MBTI 얘기를 좀 더 해볼까 합니다. MBTI의 인기가 워낙 뜨겁다 보니 언론에서도 관련 내용을 종종 다루곤 합니다. 저도 한 뉴스 기사에서 MBTI별 궁합에 관한 내용을 본 적이 있습니다.[12] 예컨대 '지구 멸망의 길'로 비유할 만큼 서로 최악의 궁합이 있는가 하면, "우리 인연 뽀에버!"라고 외치는 천생연분의 궁합도 있죠. 어쩌면 벌써 자신과 잘 맞는 짝꿍의 MBTI 유형은 무엇인지 궁금해서 찾아보거나, 단짝 친구와 MBTI 궁합을 맞춰본 독자도 있을 것 같네요. 그런데 혹시 MBTI 유형끼리 잘 맞는 궁합을 대체 어떻게 찾아낸 건지는 궁금하지 않은가요? 이 유형별 궁합은 과연 어떻게 검증할 수 있을까요?

12. 신단아, 〈MBTI 검사, 유형별 궁합 "알아볼까?"〉, 《내외경제TV》, 2022. 06. 08. 기사 참조
https://www.nbntv.co.kr/news/articleView.html?idxno=976391

{ 나의 MBTI 유형을 4차원 벡터로 표현하면? } 실제 MBTI 결과표를 살펴보면 아래 그림처럼 각각의 속성 중에서 어느 쪽으로 더 가까운지 확률적으로 나타내줍니다.

지금부터 수학으로 MBTI 궁합 표를 검증하는 방법을 설명하려고 합니다. 사실 우리는 MBTI 결과를 'ENFP', 'ISTJ' 등과 같이 각각의 유형과 유형별 특징으로만 기억하고 있습니다. 하지만 실제 검사를 하면 각각의 속성에 대해서 확률적으로 나타냄으로써 어느 쪽에 좀 더 가깝다고 알려주는 것입니다. 이런 방식은 앞 내용에서 살펴본 것처럼 인공지능이 값을 도출하는 것과 유사합니다. 인공지능이 강아지일 확률과 고양이일 확률을 표현하는 것처럼, MBTI 검사에서도 각 속성을 이진 분류하여 E일 확률과 I일 확률로 각각 표현해주니까요. 각 속성의 결과에서 예컨대 E일 확률이 I일 확률보다 조금이라도 높다면 에너지 방향 속성을 'E'로 판정해주는 식입니다.

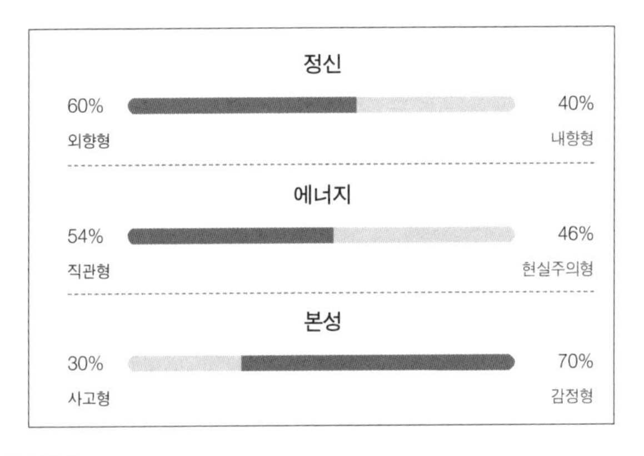

MBTI 결과표 예시
실제 결과표를 살펴보면 각각의 속성에서 어느 쪽으로 더 가까운지 확률적으로 나타냅니다.

설명의 편의상 저의 MBTI 결과인 'ENFP'의 4가지 속성별 세부항목에 대한 확률이 어떻게 나왔는지 공개하면 다음과 같아요.

필자의 MBTI 속성별 세부항목의 확률

속성	에너지 방향	인식기능	판단기능	생활양식
세부항목	**E(외향형) 0.6**	**N(직관형) 0.54**	**T(사고형) 0.3**	**J(판단형) 0.37**
	I(내향형) 0.4	S(감각형) 0.46	F(감정형) 0.7	P(인식형) 0.63

MBTI 궁합을 계산하려면 비교를 위해 모든 사람의 MBTI를 하나의 기준으로 잡아서 확률로 표현해야 합니다. 예컨대 여기서는 기준을 ENTJ로 설정하고, 제 결괏값으로 E, N, T, J가 각각 몇 %인지 확인해볼게요. 위 표에서 저는 외향형(E)은 60%이기에 에너지 방향에서는 E로 판정되었어요. 직관형(N)은 54%이기에 인식기능에서는 N으로 표현되었습니다. 한편 사고형(T)은 30%이기에 판단기능에서는 T가 아닌 F로 판정되고, 판단형(J)은 37%이기에 생활양식에서 J가 아닌 P로 판정되었어요. 이처럼 이제 4가지 속성(에너지 방향-인식기능-판단기능-생활양식)에 대하여 E, N, T, J를 기준으로 각각 %의 확률을 갖는지 표현할 수 있어요. 그리고 E, N, T, J의 4가지 속성을 나타내는 벡터로 다시 표현하면 저의 MBTI는 다음과 같이 나타낼 수 있습니다.

(0.6, 0.54, 0.3, 0.37)

MBTI 유형별 찰떡궁합을 계산하는 비밀은?

그러면 "우리 인연 영원히 뽀에버! 천생연분" 혹은 "진짜 궁합 최악! 지구 멸망의 길"과 같은 MBTI 궁합 판정은 대체 어떻게 나온 걸까요? MBTI 궁합표를 산출한 근거는 명확하게 알 수 없지만, 우리에게는 수학이 있어요. 수학적으로 검증을 해볼 수 있지 않을까요? 가장 먼저 떠오르는 방법이 바로 앞서 설명했던 벡터입니다. 아직 벡터가 헷갈리는 분들을 위해 그 과정을 다시 간단히 설명해 드릴게요. 방금 제 MBTI 결과는 ENFP지만, 이를 ENTJ 기준 벡터로 표현하면 (0.6, 0.54, 0.3, 0.37)라고 했죠. 그런데 저뿐만 아니라 모든 사람의 MBTI 결과도 같은 형식으로 4차원 벡터로 표현할 수 있을 거예요. 예를 들어 사람 B의 MBTI를 ENTJ 기준 벡터로 표현한 결과가 (0.71, 0.38, 0.24, 0.81)였다고 가정할게요. 저의 벡터와 사람 B의 벡터에 대하여 앞에서 설명했던 유클리드 유사도를(53~56쪽 참조) 측정하여 두 벡터가 유사한지(거리) 확인할 수도 있고, 코사인 유사도를(57~59쪽 참조) 측정하여 두 벡터가 유사한지(방향) 확인할 수 있겠죠.

이와 같은 방식으로 모든 사람을 MBTI 기준으로 4차원 벡터로 표현하고, 16개 그룹의 대표적인 벡터를 구한 후(이때 각 그룹의 대푯값을 구하는 것이니 평균을 활용할 수도 있겠네요), 각 그룹의 대표 벡터들끼리 유사도를 계산하는 거죠. 그러면 어느 그룹끼리 유사도가 높고 또 반대로 낮은지 알 수 있는 거예요. 유사도가 높은 그룹일수록 '천생연분' 같은 우호적인 결과로, 반대로 유사도가 낮을수록 속칭 '최악의 궁합, 지구 멸망의 길' 같은 무시무시한 결과로 도출되겠죠?

그저 재미 삼아 알아보았던 나의 MBTI 유형을 벡터로 표현하고, 또 나와 가까운 혹은 먼 유형을 수학적으로 추론해보니 어떤가요? 저는 이 책을 통해 여러분에게 수학의 원리와 개념을 이해하는 것을 넘어 평소 수학적 사고력을 키워가는 것이 중요하다는 점을 꼭 강조하고 싶습니다. 특히 오늘날처럼 변화무쌍한 인공지능 시대에는 수학적 사고가 다양한 문제해결 상황에서 여러분에게 날개를 달아줄 것입니다.

#벡터도_#응원한다_너희_#우정_영원히_뽀에버!

인공지능에서 '지능'은 무엇일까요?

인공지능에서 핵심은 '지능'이죠. 왜냐하면 '지능'이 뭔지 알아야 인공적으로 지능을 만들 수 있을 테니까요! 그러면 지능이 무엇일까요? 우리는 '지능'이라는 단어를 알고 있고 또 종종 사용하기도 합니다. 하지만 그 실체는 잘 알지 못하죠. 막상 친구에게 '지능'이 뭐라고 설명해보라고 하면 여러분은 자신 있게 말해줄 수 있나요? 아마 "친구야, 지능은 무엇이다!"라고 자신 있게 말하기는 쉽지 않을 것입니다. 분명히 알고 있는 개념인데 한마디로 명확하게 말하기란 쉽지 않을 거예요. 그렇다고 실망할 필요는 없습니다. 왜냐하면 여러분뿐만 아니라 학자들조차 지능에 대한 정의를 완전히 합의한 것은 아니니까요. 그래서 이 장에서는 '지능'이 무엇인지와 함께 '인공지능'이란 대체 '지능'을 인공적으로 어떻게 구현하고자 하는 것인지를 역시 수학의 관점에서 살펴보려고 합니다.

3장

지능과 수학

01 지능과 인공지능

0100110101001001001110011100010011010100100100111001110001001101010100110101001001011010100100l

인간의 지능을 닮은 기계를 만들고 싶어!

인공지능의 핵심은 무엇일까요? 네, 바로 '지능'이에요. 그래서 인공지능을 이해하기 위해 먼저 우리 인간의 지능에 대해 간략하게 알아보기로 해요. 우리 인간은 지구에서 살아가는 모든 생명체들과 비교할 때, 타고난 신체 능력이나 감각 능력 등은 그리 뛰어난 편이 아닙니다. 예컨대 엄청나게 빠르게 달릴 수 있는 것도 아니고, 발달된 시각이나 후각 등을 가진 것도 아니며, 새처럼 하늘을 날 수도 없죠. 특히 갓난아기일 때는 모든 면에서 거의 백지상태나 다름없을 정도입니다. 하지만 인간은 가장 뛰어난 지적 능력, 즉 지능을 가진 존재로 학습을 통해 스스로를 끊임없이 발전시키는 존재입니다. 그러한 능력 덕분에 신체적 열세를 극복하고 생태계의 지배자가 된 인간은 다양한 문명을 탄생시켰고, 산업과 경제발전은 물론, 오늘날의 초기술사회를 이끌었죠.

학자들조차 의견이 분분한 지능의 정의

인간의 뛰어난 지적 능력은 학자들에게도 매력적인 연구 대상이었습니다. 그래서 오랜 시간 이에 관한 연구가 이루어졌지만, 여전히 많은 부분에서 미지의 영역으로 남아있죠. 학자들에게도 지능은 복잡하고 어려운 개념이었습니다. 그래서인지 지능에 대한 개념 정의는 학자마다 조금씩 다른 편이에요. 지능에 관한 다양한 정의가 존재한다는 것을 확인하는 차원에서 몇 가지만 살펴볼까요?

· 주변 환경을 명확하게 인식하고 다루며 자신을 환경에 적응시키는 능력
· 누적된 경험을 통해 직접 경험하지 않은 것에 대해서도 예측과 통제할 수 있는 능력
· 추상적 사고를 통한 개념화로 경험하지 않은 일들도 다룰 수 있는 능력

미국의 심리학자 스턴버그(Sternberg, 2003)라는 사람은 "개인이 속한 사회 문화적 상황에서 개개인의 기준에 따라 삶에서 성공을 달성하는 능력"이라고 정의하기도 했죠. 이처럼 지능은 어떤 역량에 초점을 두느냐에 따라서 다양하게 정의를 내릴 수 있습니다.

지능은 어떻게 측정할까?

비록 지능의 정의는 다양하지만, 지능을 측정할 수 있게 하는 조작적 정의는 어느 정도 합의된 기준이 마련되어 있습니다. 지능을 측정하는 대표적인 기준

은 여러분도 잘 알고 있는 IQ(Intelligence Quotient)입니다. 우리가 소위 IQ라고 말하는 지수를 계산해내는 데 활용하는 것이 알프레드 비네(Alfred Binet, 1857~1911)라는 프랑스의 심리학자가 만든 지능 측정 방법이에요. 비네는 배움이 느린 아이들을 찾기 위하여 아동의 '나이', 즉 연령마다 5개의 문제를 만들었죠. 예를 들어 초등학교 3학년 학생에게 맞는 5문제가 있고 그 문제를 초등학교 3학년 학생이 풀어서 맞춘 개수를 기준으로 배우는 속도가 빠른지 느린지 판단한 것입니다. 이후 미국 스탠퍼드 대학교의 루이스 터먼(Lewis Terman, 1877~1956)이라는 심리학자는 비네가 연령대별로 측정한 방식을 활용했어요.

$$\text{나의 IQ} = \frac{\text{정신연령(MA)}}{\text{생활연령(CA)}} \times 100$$

어, 분수네요. 내 또래보다 내 정신연령이 높을수록(분자가 클수록) IQ는 높아져요. 한편 비율이 아닌 편차에 주목하여 z 점수를 활용해 계산하는 편차지능지수도 있죠. 먼저 z 점수 공식은 다음과 같아요.

$$z\ \text{점수} = \frac{(\text{내 점수 - 집단평균})}{\text{표준편차}}$$

위 공식에서 표준편차는 수학 시간에 이미 배웠겠지만, 평균 주변에 얼마나 몰려있는지를 나타내죠. 편차지능지수는 정규분포곡선에서 z 점수를 평균이 100, 표준편차는 15인 점수로 환산한 것

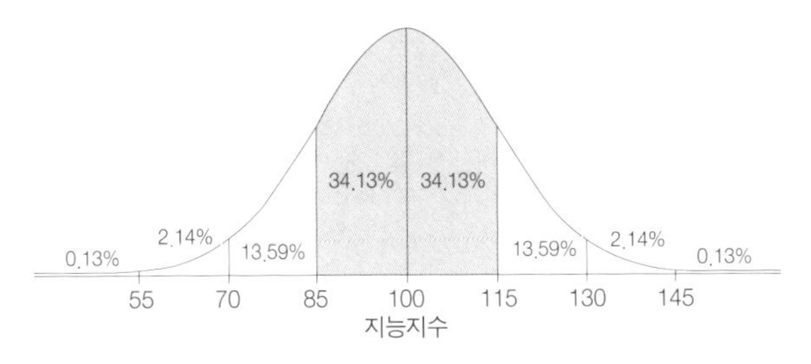

지능의 정규분포곡선
지능지수 평균 100을 기준으로 표준편차 ±15 사이에 전체의 약 68%가 포함됩니다.

이에요. 위 그래프를 보면 알 수 있듯이 지능지수 100을 기준으로 85~115점 사이에 전체의 약 68%가 속하게 됩니다.

$$\text{나의 IQ} = 100 + 15z$$

고득점자나 저득점자가 많을수록 표준편차가 커지고, 대부분 학생이 비슷한 점수를 가지고 있으면 표준편차는 작아집니다. IQ가 높다는 것은 대부분 학생이 비슷한 점수를 가지고 있는데(분모), 나만 다른 친구들보다 월등히 더 많은 문제를 맞았다(분자)고 정리할 수 있겠어요.

인간을 닮은 기계를 만들어내기 위한 인공지능 연구의 시작

지금까지 지능의 다양한 정의와 함께 측정하는 방법을 간략히 살펴보았어요. 하지만 인간의 지적 욕망은 끝이 없었습니다. 그저 지능의 실체를 연구하는 데 만족할 수 없었죠.

"인간처럼 생각하는 기계를 만들 순 없을까?"

이러한 인간의 욕망은 결국 인공지능 연구로 이어집니다. 인공지능은 쉽게 말하면 인공적으로 만들어낸 지능입니다. 그런데 문제는 앞서 살펴본 것처럼 '지능'이 워낙 여러 가지 능력들을 종합적으로 아우르는 것이다 보니 한마디로 정의하기가 쉽지 않기 때문에 인공지능을 만들기 위해 '지능'을 대체 어떻게 정의해야 할 것인지 역시 의견이 분분했죠.

지금은 '인공지능' 기술이 하루가 다르게 발전하고 있고, 실제 우리 생활에도 알게 모르게 깊숙이 스며들었습니다. 하지만 생각해보면 2016년에 인공지능 알파고가 이세돌을 이긴 바둑 대국으로 세상이 떠들썩해지기 이전까지만 해도 인공지능이라는 단어는 대중에게 그리 익숙하지도 자주 사용되지도 않았습니다. 그래서 마치 이것이 비교적 최근에 시작된 연구 분야라고 생각할지도 모르겠습니다. 하지만 인공지능 연구는 우리 생각보다 꽤 오래전부터 이루어졌습니다. 그리고 초창기에 등장한 인공지능들은 오늘날 우리를 깜짝 놀라게 하는 인공지능과는 많은 점에서 달랐습니다. 어떻게 다른지 궁금하지 않나요? 바로 이어서 초창기 인공지능 연구에서 지능을 정의해온 과정을 알아보기로 해요. 아울러 수학은 그 과정에서 또 어떤 역할을 하는지도 함께 살펴봅시다!

생각하는 기계와 전문가 시스템은 왜 실패했나?

인공지능 연구는 언제부터 시작되었을까요? 비교적 최근에 시작된 거라고 생각하는 분도 있을지 모르지만, 여러분이 태어나기도 훨씬 전인 1950년대부터 시작되었어요. 여기에서는 초창기 인공지능 연구들을 대해 살펴보려고 합니다.

튜링 테스트와 대화형 시스템 엘리자

처음에는 인공지능 연구자들이 사람처럼 생각하는 기계를 만들려고 했어요. 그 대표적인 예가 바로 **튜링 테스트**예요. 영국의 수학자이자 암호해독가이기도 한 알랜 튜링(Alan Turing, 1912~1954)은 생각하는 기계인 인공지능을 만들기 위해서 한 가지 테스트를 고안했어요. 튜링은 다음 그림(92쪽 참조)과 같이 생각했어요!

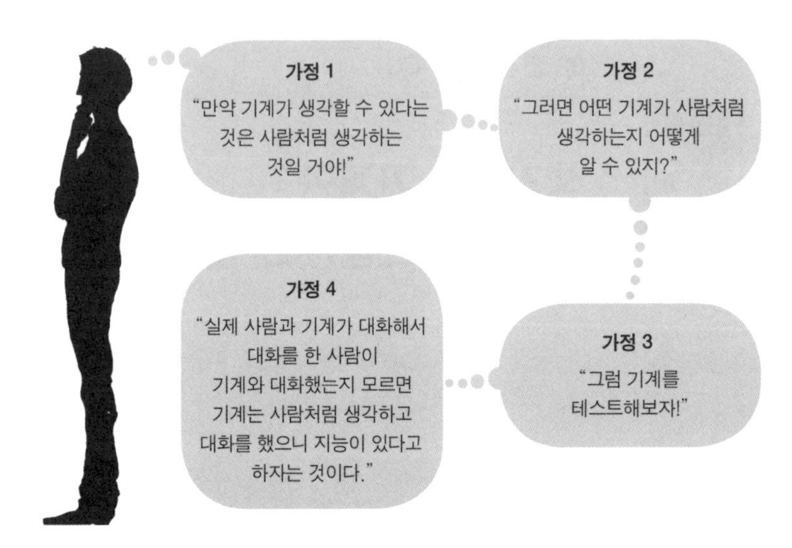

튜링이 생각한 인공지능의 전제

수학자이기도 한 튜링은 사람처럼 생각하는 기계, 즉 인공지능을 만들기 위해 인공지능이 어떤 역량을 갖춰야 하는지를 위와 같이 생각했습니다.

이 튜링 테스트를 통과하도록 1960년에 만든 대화형 시스템이 바로 엘리자(ELIZA)예요. 지금으로 치면 일종의 챗봇 같은 거죠. 엘리자는 1966년 MIT의 컴퓨터과학자인 요제프 바이첸바움(Joseph Weizenbaum, 1923~2008)에 의해서 개발된 상담 치료사 역할을 하는 챗봇이에요. 그런데 혹시 왜 엘리자라고 이름을 지었는지 궁금하지 않나요? 이 이름은 노벨문학상 수상자인 조지 버나드 쇼(George Bernard Shaw, 1856~1950)[1]의 희곡 《피그말리온》의 등장인물인 꽃 소녀 엘리자 둘리틀(Eliza Doolittle)에서 따온 것입니다. 이 희곡에

1. 영국의 극작가, 소설가, 비평가

서 엘리자는 상류층 영어를 따라하도록 교육을 받고, 엄청난 훈련 끝에 완벽한 상류층의 액센트로 발음할 수 있게 되는 인물이죠. 엘리자 두리틀이 상류층의 발음을 따라하도록 훈련한 것처럼 인공지능 엘리자는 인간의 언어를 따라합니다. 그리고 텍스트 채팅으로 인간과 대화를 나눴죠. 엘리자와 채팅하는 사람은 엘리자를 사람으로 착각하기도 했어요. 하지만 이 챗봇은 아쉽게도 지능이 있다고 평가할 수 없었습니다. 얼핏 사람과 대화하는 것 같아도, 이 챗봇은 인간의 말에 내포된 의미를 제대로 이해하지 못한 채 그저 프로그래밍대로 **기계적**으로만 답할 뿐이었으니까요. 즉 튜링 테스트만으로는 과연 지능이 있는 기계인지, 즉 인공지능이라 할 수 있는지를 판정할 수 없었습니다.

1차 혹한기로 접어든 인공지능 연구

뜨거운 기대에 한참 못 미치는 아쉬운 성능 때문인지 1960년 당시 반짝 붐을 일으켰던 인공지능연구는 1970년대로 접어들자 그 열기를 이어가지 못한 채 다소 주춤해지며 빙하기로 접어들었죠. 이것이 소위 인공지능 역사에서 말하는 1차 빙하기로 인공지능의 겨울이라고 불리기도 해요. 새로운 기술이 개발되면 많은 기대 속에서 많은 투자를 받게 되죠. 하지만 새로운 기술이 한계를 보이면 사람들의 기대와 희망은 금세 사라져버리고, 관심에서도 멀어지게 되죠. 1950년 이후로 처음 시작된 인공지능 연구는 지금의 붐이 있기 전까지 빙

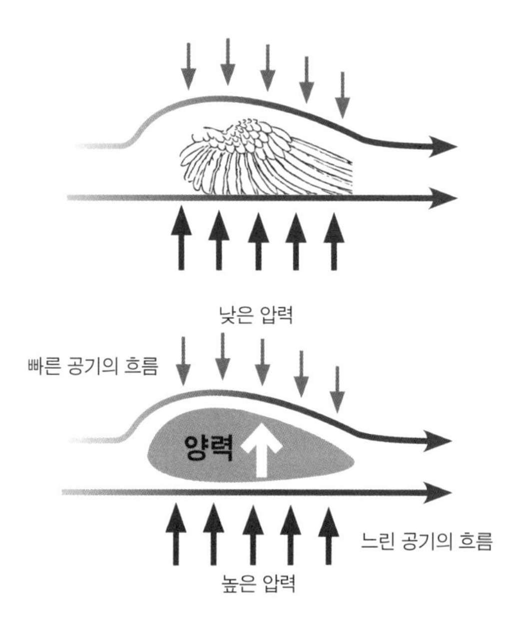

베르누이의 원리

유체가 빠르게 흐르면 압력이 감소하고, 느리게 흐르면 압력이 증가한다는 베르누이 법칙을 비행기의 날개에 적용하면, 공기가 천천히 흘러가면 압력이 높고, 공기가 빨리 흐르면 압력이 낮아 비행기가 위로 뜨려고 하는 양력이 발생합니다.

하기 혹은 겨울이라 불리는 시기를 두 번이나 겪었습니다.

인간처럼 생각할 수 있는 인공지능을 만들겠다는 과거의 인공지능 연구 접근 방식은 사람이 하늘을 날기 위하여 새의 날갯짓을 흉내 내던 것과 비슷합니다. 하늘을 자유롭게 날고 싶었던 건 인간의 오랜 열망이었고, 이 열망을 이루기 위해 인간은 노력해왔습니다. 처음에는 주로 어떻게 해야 새가 될지를 고민했죠. 즉 하늘을 날려면 새처럼 날개가 필요한 것으로 생각했기 때문에 날개와 비슷한 것들을 만들어 입고 높은 장소에서 뛰어내렸습니다. 그리고 새처럼 열심히 날갯짓하며 날아보려 했지만, 결과는 늘 실패였죠. 그런 접근 방식으로는 아무리 노력해도 새처럼 날 수 없었습니다. 하지만 지금도 날 수 없나요? 아니죠. 우리에게는 비행기가 있어요. 비행기가 새처럼 날갯짓하나요? 그렇지 않습니다. 비행기는 새가 하늘을 날 수 있는 원리인 베르누이 원리, 양력을 활용해서, 날갯짓하지 않더라도 공중에 떠 있을 수 있어요. 왼쪽 그림에서(94쪽 참조) 묘사된 것처럼요.

인공지능 연구도 이와 같은 시행착오 과정을 거친 셈입니다. 처음에는 단순히 인간을 모방하려는 것에서 시작해 점점 지능의 본질을 구현하려는 방식으로 진화해온 거죠.

{너에게 내가 아는 모든 지식을 낱낱이 넣어주마!}

1차 혹한기를 거친 인공지능에 대한 연구가 다시 활발해지기 시작한 것은 지능을 다른 관점으로 접근하기 시작하면서부터입니다. 즉 지능을 '지식'으로 정의한 것이에요. 이미 확인한 것처럼 기계가 사람과 똑같이 생각하게 하기란 쉽지 않으니까, 차라리 인간의 전문 지식을 기계에 최대한 입력해보자고 생각을 바꾼 거죠. 그런 접근방식으로 만들어진 대표적인 인공지능이 **전문가 시스템**이에요. 전문가 시스템은 이름 그대로 각 분야 전문가들의 수준 높은 지식을 컴퓨터에 모두 입력하여 만든 인공지능입니다.

예를 들어 의료 전문가 시스템이라면 의료 분야의 전문가인 의사

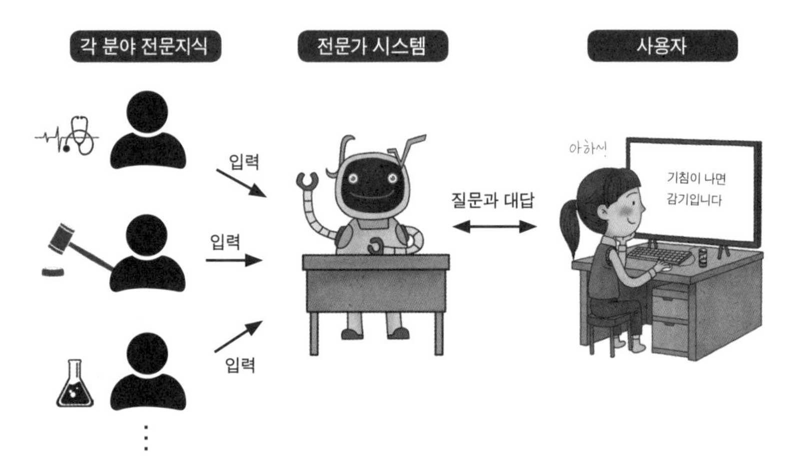

전문가 시스템
이름처럼 각 분야의 전문가들이 가지고 있는 온갖 지식들을 인간이 미리 컴퓨터에 입력해둠으로써 만든 인공지능 시스템을 말합니다.

선생님의 의학지식을 컴퓨터에 모두 입력하는 거예요. 병원에 갔을 때, 의사 선생님이 "기침이 나면 감기일 수 있고, 으슬으슬하게 몸이 추우면 몸살일 수 있다."와 같이 증상에 따라 환자를 진단하는 과정을 단순하게 컴퓨터에 입력하는 거죠.

그러면 몸이 아픈 환자는 의사 선생님을 뵙고 진찰을 받는 것이 아니라 전문가 시스템인 인공지능에 묻고 그 답을 얻을 수 있겠죠? 이렇게 만들어진 것이 바로 의료 전문가 시스템입니다. 그리고 그 의료 전문가 시스템에도 수학이 숨어 있어요. 바로 수학의 **명제**입니다. 명제란 '일주일은 7일이다.'처럼 "참 또는 거짓을 판별할 수 있는 문장"을 의미해요.

참과 거짓을 판별하려면 조건이 필요하겠군요. 문자를 포함하는 문장이나 식이 그 문자의 값에 따라 참 거짓이 정해질 때, 이 문장이나 식을 '**조건**'이라고 하죠. 예를 들어봅시다. 'x는 짝수이다.'라는 명제가 있다면 x의 값에 따라서 참 또는 거짓이 결정되니 'x'는 조건이 됩니다. 그리고 조건은 하나 이상일 수도 있습니다. 예컨대 두 조건 p, q로 이루어진 명제 "p이면 q이다."도 있어요. 이때 p를 가정, q를 결론이라고 하죠. 그럼 이를 기반으로 전문가 시스템에 입력된 지식을 살펴볼까요? 입력된 지식은 모두 다음과 같이 'p이면 q이다.' 형태의 명제로 이루어집니다.

"기침(p)이 나면 감기(q)이다"

이 명제에서는 기침이 가정(p)이고, 감기(q)는 결론이죠. 이처럼 전문가 시스템에서 지식은 명제의 형태로 입력되어야 합니다. 그래야 전문가를 대신할 컴퓨터가 사람의 물음에 답할 수 있으니까요! 그래서 완벽한 전문가 시스템을 만들어주기 위해서는 인간의 모든 지식을 "p이면 q이다." 형태의 명제로 모두 입력해주어야 해요.

하지만 인간의 모든 지식을 입력할 수는 없었어요. 왜냐하면 일단 새로운 지식은 끊임없이 생겨나니까요. 지금 여러분이 이 책을 읽는 순간에도 말이죠. 게다가 과거의 지식 중에는 오류가 밝혀져 오늘날에는 그 쓸모가 사라져버린 것도 있습니다. 예를 들어 의료 전문가 시스템을 구축했다면 코로나19처럼 이전에 없던 새로운 질병이 추가될 때마다 대량의 지식을 사람이 계속 업데이트해줘야 해요. 즉 계속해서 지식을 입력을 해줘야 한다는 뜻입니다. 또 반대로 더 이상 쓸모없어진 지식은 삭제해주어야 하죠. 왜냐하면 전문가 시스템은 '머신러닝'[2]을 통해 스스로 학습하는 지금의 인공지능과 달리 자기주도학습이 불가능했으니까요. 전문가 시스템은 오직 사람이 주입식으로 입력해준 지식에 한정되어 답할 수 있어요. 그것과 조금이라도 다른 것을 물어본다면…. 마치 우리가 공부를 전혀 하지 않은 곳에서 나온 시험문제를 마주한 것 같겠죠?

"어……."

로딩이 길어지고 결국 답을 할 수 없는 꿀 먹은 벙어리가 되어버리죠. 인간 언어의 의미를 전혀 이해하지 못한 채 그저 앵무새처럼 말하는 챗봇이 보여준 한계, 뒤에서 살펴볼 XOR 문제[3] 등으로 인공지능 연구에 혹한기가 찾아온 것처럼, 입력된 적 없는 지식에는 아예 답할 수 없는 전문가 시스템의 한계 또한 사람들에게 실망감을 안겨주고 맙니다. 전문가 시스템으로 잠시 다시 번성하는가 싶었던 인공지능의 연구는 또다시 전문가 시스템의 한계가 드러나며 하락기를 경험하게 됩니다. 앞서 잠깐 언급했던 2차 빙하기와 관련되죠.

2. 머신러닝에 관해서는 바로 뒤 이야기에서 이어서 살펴보겠습니다.
3. XOR 문제는 4장의 05에서 살펴볼 것입니다.

03 머신러닝과 학습

날고 싶다고 꼭 새가 될 필요는 없잖아?

챗봇 엘리자와 전문가 시스템에서 보듯 과거의 인공지능 연구는 주로 어떻게 해야 사람의 두뇌와 **물리적**으로 가깝게 만들 수 있을까에 집중되었습니다. 하지만 하지만 결과적으로 모두 기대했던 수준 높은 인공 '지능'과는 거리가 멀었죠. 이에 연구자들은 새로운 접근방법이 필요하다고 생각하게 됩니다.

{ 스스로 질문을 거듭하며 학습하고 성장하는 인간 }

다시 비행기 얘기를 해볼까요? 아주 오래전에 인간은 날고 싶은 욕망을 실현하기 위해 새의 날개와 비슷한 물리적 장치를 몸에 장착해 보기도 했지만, 이는 번번이 실패로 돌아갔죠. 인간 스스로 새가 되기보다 새가 하늘을 나는 원리를 파악하고 그런 원리를 장착한 비행기를 만들어냄으로써 비로소 인간은 하늘을 날게 된 것입니다. 인공지능 연구에서도 바로 그와 같은 방법으로 새롭게 접근하기 시작했습니다. 그게 대체 뭘까요? 그건 바로 **학습**이에요. 사람의 지능이 형성되는 과정을 보면 무조건 지식만 주입해서 형성된 것이 아니에요. 인간의 지능은 지식 습득만으로 이루어지지 않으니까요. 지금의 우리 기억 속에는 사라진 지 오래지만, 우리 대부분은 어린 시절 세상 모든 것을 다 학습해버리겠다는 기세로 온갖 질문을 쏟아내는 열정적인 자기주도학습러였어요!

"엄마, 왜 사과는 빨간색이에요?"

"아빠, 왜 소방차는 사이렌을 울려요?"

"선생님, 하늘은 왜 파랗죠?" 등등

이처럼 부모님이나 유아교육기관의 선생님 등 주변 어른들에게 폭격에 가까운 질문 공세를 끊임없이 이어갑니다. 심지어 질문에 대한 대답을 들으면 그 답에 대해서도 또 "근데 그건 왜 그래요?"라고 다시 질문하죠. 견디다 못한 부모님이 "자, 이제 그만하자…" 하며 말려야 겨우 질문을 멈출 만큼 우리는 자기주도학습을 좋아했어요. 결국, 현재 우리의 지능은 성장 과정에서 부단한 자기주도학습으로 쌓아 올려진 눈부신 결과물로 볼 수도 있겠죠. 지금은 수업 시간에 정말로 모르는 게 있어도 입을 꾹 닫은 채 절대 질문하지 않는 학생들이 많은 것과 참으로 대조적입니다.

물리적 모방이 아닌 학습 과정에 대한 모방

인공지능 학자들도 드디어 알아차린 것이죠. 사람의 지능을 물리적으로 완전히 구현해내는 것은 현실적으로 어렵다는 것과 오히려 더 좋은 방법이 있다는 것을요. 즉 사람이 지능을 쌓아나가는 과정, 즉 프로세스를 모방하여 인공지능도 스스로 지능을 쌓아나갈 수 있게 하자고 생각을 전환한 것입니다. 그것이 학습 기반 인공지능이고, 오늘날 말하는 **머신러닝**이에요!

이런 자기주도학습 기반의 머신러닝을 통해 인공지능은 드디어 과거 인공지능이 가졌던 한계를 극복할 수 있게 됩니다. 앞서 전문가 시스템은 사람이 모든 지식을 일일이 입력해줘야 한다고 했지만, 이제 사람이 모든 지식을 입력할 필요가 없어졌어요. 왜냐하면 인공지능이 학습을 통해 새로운 지능을 스스로 생성할 수 있게 되었으니까요. 이렇게 인공지능은 스스로 학습, 즉 자기주도학습을 통해 점점 더 성장하게 됩니다. 예컨대 최근 이미 작고한 유명 만화가의 작품을 AI로 재연재하려는 시도로 인해 '고인 모독' 논란이 일어났다는 뉴스를 접했습니다. 논란과 별개로 이제 작품의 이미지를 학습하여 이미지 생성 AI가 그림을 그리고, 작품의 스토리를 학습하여 텍스트 생성 AI가 글을 집필하는 것이 가능해진 거죠. 이처럼 인공지능은 자기주도학습을 통해 놀라운 성장을 거듭하고 있어요.

자, 이제는 우리가 이런 인공지능의 모습을 보면서 반성해야 할 때인 것 같습니다. 끝없이 질문하고 주도적으로 학습했던 때로 돌아갈 순 없을까요? 우리 인간의 지능은 학습을 통해서 만들어지는 것이니까요. 학습이란 곧 공부죠. 결국, 스스로 공부하는 것이 지능을 발전시키는 길이자, 우수한 지능을 만드는 비밀이었던 거죠. 문득 제가 어린 시절에 어른들이 자주 하셨던 잔소리가 떠오르네요.

"공부해서 남 주냐? 공부 좀 해라!"

그리고 이제 머신러닝을 통해 인공지능은 누가 시키지 않아도 스스로 공부하는 열정적인 자기주도학습러가 된 것입니다.

{인공지능도 열심히 공부하고 시험도 봐요!}

오늘날의 인공지능 연구는 과거처럼 인간의 지능을 물리적으로 모방하는 방식이 아니라, 인간이 학습을 통해 지능을 만들어가는 과정을 본받아 스스로 학습하게 한다고 설명했습니다. 그래서 인공지능은 공부합니다. 그것도 쉬지 않고 매우 열심히, 집요하게!

인공지능은 말 그대로 인공적인 지능이에요! 혹시 **"타불라 라사(tabla rasa)"**라는 말을 들어보았나요? 영국의 철학자이자 의사인 존 로크(John Locke, 1632-1704)는 자신의 책 《인간오성론》에서 인간은 아무것도 각인되지 않은 백지상태, 즉 타불라 라사로 태어난다고 했죠. 이후 경험과 학습을 통해 쌓은 지식으로 이 백지를 채워나간다는 경험론을 주장했습니다. 사실상 백지상태로 태어난 우리 인간이 학습을 통해 지능을 키워가는 것처럼 인공지능도 '지능'을 가지려면 결국 공부를 많이 해야 합니다. 인공지능이 공부하는 과정은 우리가 수학을 공부하는 과정과 매우 비슷하죠.

여러분은 '수학'이라고 하면 얼핏 공식 암기와 문제풀이만 떠오르겠지만, 수학 개념을 학습하고 이해하여 내면화할 때 비로소 문제풀이가 가능합니다. 그저 개념만 열심히 암기한다면 근본적인 수학 실력이 향상될 수 없습니다. 무작정 외우기만 하면 정작 어디에 그 개념을 활용해야 하는지 알 수 없으니까요. 이런 방식으로 공부하면 문제가 조금만 비틀어져도 도무지 해결할 수 없을 거예요. 따라서 개념에 대해서 공부하면서 문제를 통해서 그 개념을 **내면화**해야 하죠. 쉽게 말해 자기 것으로 만든다는 뜻입니다. 내면화 없이 기계적으로 외우려고만 한다면 조금만 변형되어도 틀리기 쉽죠.

개념과 관련된 여러 문제를 풀어보면서 틀리면 "어? 틀렸네. 어디가 잘못되었지?"라고 다시 생각하며 "아하, 이 개념은 이렇게 생각해야 하는 거구나! 문제에 이렇게 적용되는군. 이러면 잘못 생각하는 것이네. 내가 오해했네"라고 자신이 이해했던 개념을 다시 수정하는 것입니다. 그러고 나서 무엇을 하나요? 슬프지만 공부를 제대로 했는지 시험을 봅니다. 시험을 보면서 내가 개념을 제대로 학습하고 문제를 풀었던 것이 맞는지 평가를 받는 것입니다. 시험 시간에 받은 문제는 내가 학습한 개념과 연습문제를 바탕으로 하고 있지만, 완전히 연습문제와 똑같지는 않죠. 그런 식으로 출제되면 답만 달달 암기해버릴 수도 있으니까요! 정말로 개념을 이해하고 있는지 확인하기 위해 적절히 변형된 문제들을 만나게 됩니다.

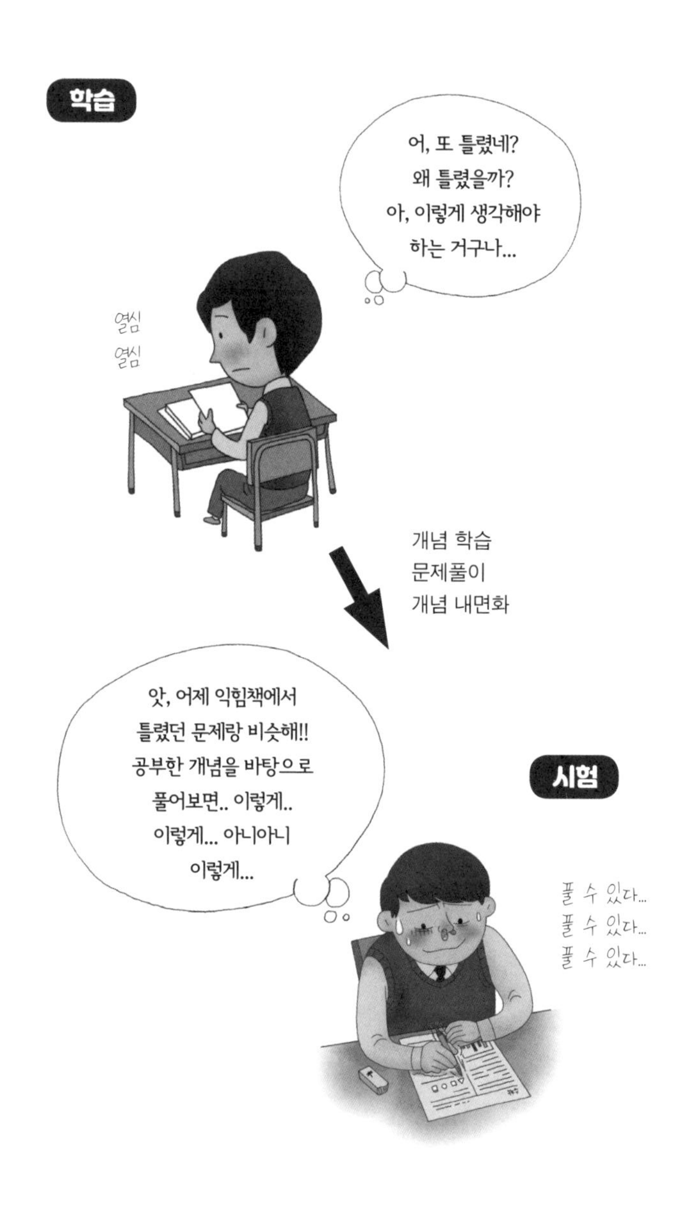

#얘들아_#문제는_#개념_내면화야!

틀린 답을 복기하며 스스로 수정해나가는 인공지능

인공지능도 우리와 마찬가지예요. 날씨를 예로 생각해봅시다. 인공지능에 과거 연도별 연평균기온 데이터를 주고, 연평균기온을 예측하도록 하면, 먼저 공부를 시작합니다.

> "흠, 과거에 연도별로 연평균기온이 이렇게 변화했었네. 그러면 이런 패턴이 있겠군…"

이런 식으로 생각하면서 그 생각이 맞는지 스스로 점검해봐요. "내가 공부한 바에 따르면 2006년에는 연평균기온이 10도이어야 하는데 맞나?"라는 식으로요. 그런데 만약 그 결과가 과거의 실제 연평균기온 데이터와 다르면, '어? 내가 무엇을 잘못 생각했지? 무엇이 문제일까?'라고 생각하면서 다시 패턴을 수정해나가죠! 그러면서 연도별 연평균기온을 예측하는 인공지능 모델을 정교화시켜 나갑니다. 이 모습은 우리가 개념을 학습하고 스스로 연습문제를 풀면서 개념을 내면화하는 과정과 똑 닮았죠.

열심히 공부하고 나면 인공지능도 시험을 봐요! 인공지능의 시험문제도 우리와 비슷해요. 공부한 개념을 바탕으로 하고 있지만, 연습하는 과정에서 접하지 않은 새로운 데이터에서 출제되는 문제예요. 특히 인공지능은 우리와 달리 잠도 잘 필요가 없이, 몇 날 며칠이든 밤새워 공부할 수 있으니 엄청난 분량의 데이터도 완전히 암기해버릴 수 있거든요. 그러니 연습문제와 똑같은 문제를 내면 무조건 100점이겠죠. 그래서 연습문제와는 다른 문제로 시험을 봅니다. 그리고 이 시험의 결과가 바로 해당 인공지능 모델의 '성능'으로 평가되는 거죠.

그래서 보통 전체 데이터가 10이 있다고 가정하면 6:2:2로 나누어서 공부할 데이터 6, 연습문제 데이터 2, 시험 볼 데이터 2로 나눕니다. 인공지능은 공부할 데이터 6으로 공부하고 연습문제 데이터 2로 잘 공부했는지 스스로 점검하죠. 예컨대 스스로 점검하다가 틀렸으면 "어? 이게 아니네". 다시 데이터를 공부해서 수정하고 스스로 연습문제 풀고 점검합니다! 그렇게 해서 최종적으로 공부가 끝나면 시험 볼 데이터로 시험을 보고 그 결과로 인공지능의 성능이 결정되는 것입니다.

{인공지능의 성능을 높이는 딥러닝}

인공지능의 학습에 관한 이야기에서는 머신러닝뿐만 아니라 딥러닝이라는 말도 자주 나옵니다. 아마 이런 이야기를 들어보셨을 거예요.

"머신러닝보다 **딥러닝(deep learning)**의 성능이 훨씬 더 뛰어나다!"

그렇다면 **딥러닝**은 머신러닝과 어떻게 다를까요? 앞서도 언급했지만 머신러닝은 컴퓨터 스스로 학습하는 인공지능의 방법 중 하나입니다. 그리고 딥러닝도 머신러닝의 한 종류인데, '**신경망**'을 활용하여 인공지능의 성능을 높이는 방법입니다. 딥러닝은 풍부한 데이터를 조합하고 분석하여 학습함으로써 시험을 보았을 때, 머신러닝보다 훨씬 더 우수하다는 의미예요.[4] 소위 시험성적이 더 우수하여 공부를 더 잘 하는 인공지능이라는 거죠. 딥러닝을 통해 인공지능의 역량 또한 획기적인 수준으로 도약할 수 있게 되었다고 할 수 있습니다. 이처럼 이제는 인공지능도 성능에 따라 평가받는 시대입니다.

4. 몇 년 전 세상에 큰 반향을 일으켰던 인공지능 알파고 또한 딥러닝으로 스스로 바둑을 공부하고 수를 계산해냅니다.

인공지능, 최적의 가중치를 찾아라!

이제부터는 인공지능의 학습 과정을 조금 더 자세히 살펴볼게요. 아까 날씨를 예측하는 인공지능 얘기를 잠깐 했는데, 이 인공지능은 연도의 변화에 따른 연평균기온을 어떻게 예측할 수 있었을까요? 비밀은 바로 **함수**입니다. 인공지능은 변하지 않는, 즉 누적된 과거 데이터로부터 함수를 만들어서 앞으로 다가올 미래를 예측하는 것입니다.

{ 빵 세 개를 사려면 얼마가 필요하지? }

먼저 사람이 과거 데이터를 활용하여 예측하는 과정을 살펴보기 위하여 다음의 예를 생각해봐요. 얼마 전 느닷없이 빵 구매 전쟁이 일어났었죠? 빵과 함께 들어있는 스티커를 모으기 위해 너도나도 편의점으로 몰려가는 통에 품귀 대란이 일어나기도 했죠. 여러분도 인기 있는 포켓○빵을 구매하기 위하여 편의점에 갔다고 합시다. 다행히 빵이 입고된 가게를 찾았는데, 개당 1,500원이라고 안내되어 있었어요. 그런데 내 것뿐만 아니라 친구들과도 함께 나누기 위하여 빵 3개를 구매해야 한다면 나는 얼마를 준비해야 하나요?

우리가 이 문제를 풀이하는 과정을 생각해보면 먼저 왼쪽과 같이 생각하고, 오른쪽과 같이 계산할 수 있겠죠?

생각	계산
주어진 정보를 확인하면 1개 구매하면 1,500원이므로 우리는 생각해요 보통 편의점에서 빵의 개수와 가격은 비례하니까 3개 구매하면 4,500원이네!	빵의 개수 x, 지불해야 할 금액라 $f(x)$하면 x = 1이면 $f(1)$ = 1500이고 $f(x) = ax$ 라 하면 1500 = a이므로 $f(x)$ = 1500x입니다. 여기에 x = 3을 대입하면 $f(3)$ = 4500을 구할 수 있습니다.

초등학생도 비교적 간단하게 풀 수 있는 평범한 연산 같지만, 실은 지금 함수를 이용하여 설명한 것입니다. 함수 $f(x)$ = 1500x에 대하여 빵의 개수를 x에 입력하면 필요한 가격을 알 수 있으니까요. 우리는 알고 있는 빵 1개의 가격 정보를 이용하여 알고 싶지만, 몰랐던 빵 3개의 가격을 구할 수 있어요. 이 함수를 이용하면 빵 5개, 10개의 가격도 얼마든지 알 수 있는 거예요.

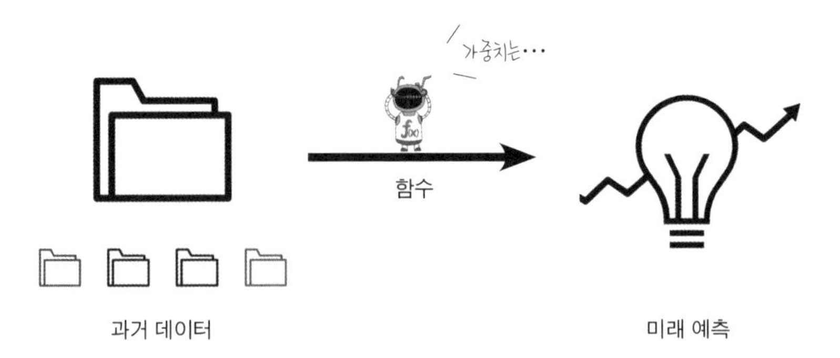

그냥 간단한 셈을 뭘 이렇게 복잡하게 설명하냐고 투덜거릴지도 모르겠습니다. 여기서 주목할 것이 바로 함수의 주요 기능인 **예측**입니다. 즉 우리가 과거 데이터를 바탕으로 뭔가 인과관계를 설명할 수 있는 함수를 찾는다면 다양한 미래를 예측할 수 있기 때문이죠. 인공지능에서는 이 함수를 **모델**이라고 합니다! 결국 인공지능은 과거 데이터를 가장 잘 설명할 수 있는 모델(함수)을 찾아서 미래를 예측하는 거예요. 그러면 함수는 어떻게 찾을 수 있을까요? 함수를 찾기 위해서 인공지능은 수학을 사용합니다. 별로 어렵지 않은 수학을 사용해서 설명할 거니까 차근차근 이해해보아요.

{ 좌푯값에 가장 근접한 함수를 만들기 위한 가중치는? }

빵의 개수 x에 해당하는 빵의 가격 $f(x)$를 예측하는 함수는 쉽죠? 앞에서 빵 1개의 값이 1,500원이라고 했으니까 다음과 같습니다.

$$f(x) = 1500x$$

빵값과 필요한 빵의 개수, 즉 x, $f(x)$는 모두 주어져 있으니 결국에 해당하는 값을 찾는 것이에요. 이 수식에서 빵의 1개 값에 해당되는 1500을 인공지능에서는 가중치[5]라고 해요. 즉 함수를 찾는 것

5. 이것에 대해서는 4장의 03에서 다시 설명하도록 하겠습니다.

은 결국 가중치를 찾는 것입니다. 위 사례에서 우리는 빵의 가격을 알고 있으니 가중치인 1500을 쉽게 찾을 수 있었죠. 그럼 인공지능은 가중치를 어떻게 찾을까요? 인공지능이 가중치를 찾는 방식은 사람과 차이가 있어요. 인공지능은 임의로 가중치를 조금씩 '변화'시키면서 '고정된' 값과 비교하면서 최적의 가중치를 찾아나가요.

그래프로 설명해볼게요. 가로축은 빵의 개수, 세로축은 지불해야 할 금액이라고 하면 좌표평면에 위에 점을 하나 표현할 수 있어요. (1, 1500)과 같은 식으로요. 빵의 개수 1개는 1,500원이다는 의미로요. 그리고 우리가 예측한 함수는 $f(x)$ = $1500x$도 좌표평면에 표현할 수 있어요. 이 함수를 그래프로 표현하는 방법으로는 값을 대

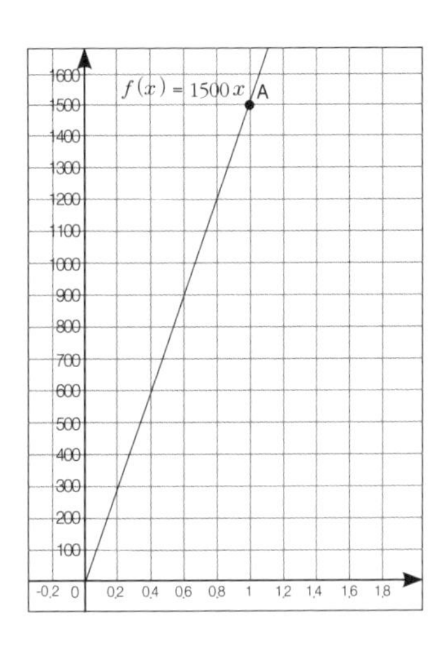

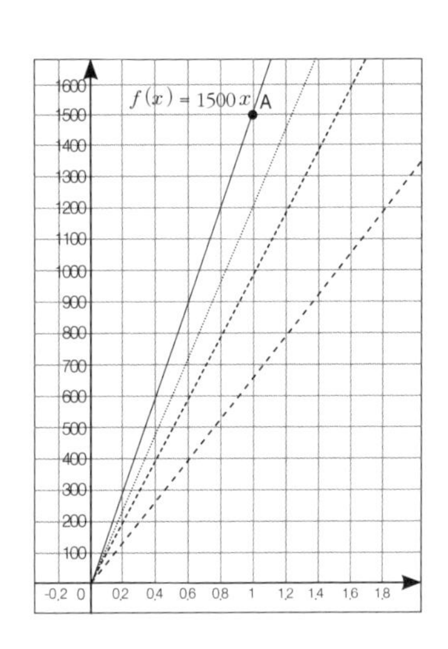

빵의 개수와 지불해야 할 금액에 관한 함수 그래프

인공지능은 고정된 데이터를 이용하여 오른쪽 그래프처럼 직선을 변화시켜가면서 결국 최적의 기울기를 찾아냅니다.

입하는 방식이 있어요. 예컨대 0을 대입하면 0, 1을 대입하면 1500, 2를 대입하면 3,000원 이런 식으로 값을 무한히 대입하고, 각 값에 해당하는 점을 찍으면 결과적으로 직선으로 보일 것이에요. 이 직선을 수학에서는 1차 함수의 그래프라고 해요. 지금 우리는 예측한 함수를 좌표평면 위에 그래프로 표현했어요. 우리가 표현한 함수의 그래프가 점(1, 1500)을 잘 지나고 있죠.

인공지능이 함수를 찾는다는 것은 결국 이 함수의 그래프를 찾아낸다는 것과 같은 의미입니다. 그럼 인공지능은 이 함수의 그래프를 어떻게 찾을까요? 인공지능은 '고정'된 데이터(1, 1500)를 이용하여 직선을 '변화'시키면서 최적의 기울기(직선)를 찾습니다.

같은 사례를 통해 좀 더 구체적으로 살펴보면 먼저 인공지능은 112쪽 그림 오른쪽에서 점선으로 표현된 선을 그립니다. 보다시피 이 선은 점(1, 1500)을 지나지 않고 있어요. 그러면 "어, 아니네~" 하고는 다른 선을 또 그리는 것입니다. 인공지능은 이와 같은 방식으로 그래프를 계속 바꾸면서 함수를 찾아가는 것입니다

이처럼 인공지능은 고정된 과거 데이터를 바탕으로 가중치를 변화시켜 나가면서 최적의 함수를 찾아낸다고 생각할 수 있습니다. 인공지능이 이 가중치를 변화시키며 최적의 함수를 찾는 과정을 '학습' 혹은 훈련이라고 하는 거죠. 학습은 영어로 러닝(learning)이죠? 머신러닝, 딥러닝 등의 용어 속에 사용되는 러닝의 의미도 바로 학습이에요. 인공지능도 미래를 예측하기 위해서는 과거의 데이터를 바탕으로 열심히 공부, 즉 학습해야 합니다. 우리처럼!

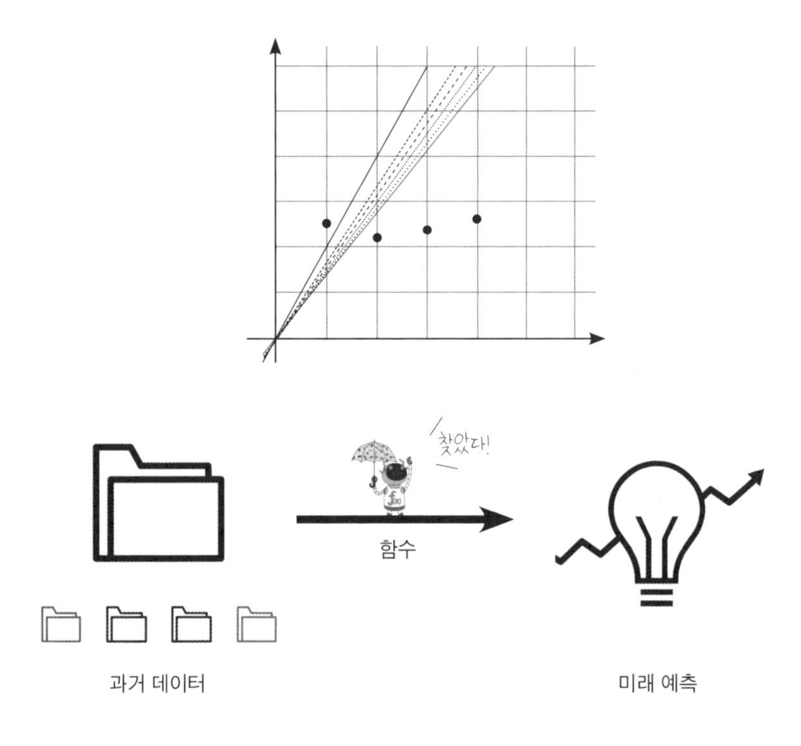

물론 이 설명은 인공지능이 함수를 찾는 과정을 아주 간단하게, 정말 아주 간단하게 원리만 파악하도록 돕기 위한 예시입니다. 만약 위 예시와 같은 일차함수라면 굳이 인공지능의 도움까지 받을 필요도 없이 금세 찾아낼 수 있겠죠. 하지만 실제로 인공지능은 전혀 상관없게 보이는 온갖 종류의 데이터가 복잡하게 뒤엉킨 상태에서 함수를 찾아내는 것입니다. 다만 여기서는 여러분의 이해를 최대한 간단히 돕기 위한 정도로만 설명하고, 자세한 내용은 이 책의 후반부에서 다시 이야기해볼게요.

05 상수와 모델

공부는 끝났다. 예측을 시작하라!

여러분은 열심히 공부하고 나면 무엇을 하나요? 물론 여러분도 어떤 관심이 가는 주제에 대해 순수하게 학구열이 폭발해 시간 가는 줄 모르고 탐구했던 경험이 있을지 몰라요. 즉 그냥 '공부' 그 자체가 목적일 때도 있습니다. 하지만 학생이라면 대체로 시험을 보게 됩니다. 영어를 공부했다면 영어로 말해보거나 글을 써본다거나, 해석을 할 수 있겠죠. 수학을 공부했다면 다양한 개념이 적용된 문제들을 풀어볼 수도 있을 것입니다. 제대로 공부한 것인지 확인해보는 거죠. 그렇게 확인하는 과정이 바로 '시험'입니다. 하지만 우리에게 시험은 늘 부담스럽고 생각만 해도 스트레스가 마구 몰려오는 것 같습니다. 아마 여러분도 기말고사 직전 고작 며칠만 벼락치기로 공부에 매달려도 시험을 치고 나면 진이 다 빠질 것입니다.

"우와, 진짜 열심히 했다. 하얗게 불태웠으니 이제 좀 쉬자!"

혹시 시험 답안지를 제출하면서 머릿속에 공부한 내용까지 하얗게 불태워버리지는 않았나요? 아, 그 정도는 아니라고요? 그래도 벼락치기로 공부한 내용 중에는 기억에서 사라져버리는 것들도 많을 거예요. 그렇다면 우리의 인공지능은 어떨까요? 인공지능은 학습을 끝내면 그때부터가 진짜 시작이랍니다. 학습의 결과를 가지고 본격적으로 예측하기 시작하니까요. 그래서 인공지능이 학습하는 과정을 훈련(train)이라고 합니다. 말하자면 이전까지는 본격적인 예측을 하기 전에 거쳐야 하는 일종의 담금질 과정이었죠. 인공지능의 학습(훈련) 결과물이 바로 인공지능 모델입니다. 그리고 이 모델이 생성되면 인공지능은 드디어 예측을 시작합니다.

{나 이제 미래를 좀 알 거 같아…}

앞에서 인공지능 모델이 수학적으로 보면 함수라고 설명했던 것을 기억하시나요? 수학에서는 주어진 함수에 값을 입력하면 결과를 얻을 수 있죠. 마찬가지예요. 인공지능에서는 수학의 함수에 해당하는 것이 바로 모델이니까 인공지능 모델에 데이터를 입력하면 결과를 얻을 수 있습니다. 사실 우리도 학습을 통해 모델을 만드는 과정을 매일 반복합니다. 즉 우리도 매일의 삶에서 나만의 모델을 만들어가고 있죠. 예를 들어 아침에 학교에 갈 때 생각해볼까요? 우리는 학교까지 이동시간을 다음과 같이 두루 계산할 것입니다.

"건널목에서는 보통 몇 분은 기다려야 하는군."

"교문에서 교실까지 이동하는 시간은 평균적으로 어느 정도야."

"아파트 엘리베이터는 평균 1분 정도 기다리곤 해."

처음부터 알 순 없었겠지만, 몇 번 등교 하고 나면 자연스럽게 알게 되죠. 즉 학습하게 된 것입니다. 그래서 학교에 지각하지 않도록 집에서 몇 시쯤 나가야 하는지 알게 되고, 거의 매일 그 시간에 맞춰서 등교해요. 다시 말해 어느새 학습을 통해 우리만의 등교 모델을 만든 거죠. 챗지피티에게 학습 후에 활용하는 모델의 예를 알려 달라고 했더니 다음과 같이 답해줬어요.

환자가 '특정 질병에 걸릴 가능성을 예측' 하도록 훈련된 기계 학습 모델이 있습니다. 이 인공지능 모델은 '환자의 과거 병력', '증상' 및 '환자의 질병 발병 가능성에 영향을 미칠 수 있는 기타 요인에 대한 정보'를 포함한 대규모 의료 기록 데이터를 학습해요. 인공지능이 학습하면서 특정 질병에 걸릴 가능성을 크게 하는 항목들(과거 병력, 증상, 기타 정보)에 가중치를 변화시켜 나가요. 이렇게 변화시켜 나가면서 최적의 가중치를 찾으면 더 이상 가중치를 변화시키지 않고 최종 모델을 확정해요. 일단 인공지능 모델이 확정되면 새로운 환자의 정보를 입력하면 질병에 걸릴 가능성을 확인할 수 있어요.

난 네가 무엇에 혹할지 이미 알고 있다

챗지피티는 의료 분야의 인공지능 모델을 사례로 답해주었지만, 실제 인공지능 모델은 이 밖에도 많습니다. 대표적으로 우리가 자주 접하는 모델이 바로 '추천하는' 인공지능 모델이에요. 혹시 유튜브를 자주 보나요? 최소한 한 번이라도 보신 적이 있을 거예요. 유튜브를 볼 때면 우리가 관심 있어 할 만한 영상을 귀신같이 알고는 추천해주죠. 그것도 바로 인공지능이 하는 일이랍니다. 이렇게 사용자의 선호도에 따라 제품이나 항목을 추천하도록 훈련된 인공지능 모델도 있어요. 이런 인공지능 모델은 사용자가 구매했거나 관심을 보인 영상(제품)에 대한 정보를 포함하여 사용자의 데이터를 학습해요. 인공지능은 학습하면서 사용자의 선호도를 예측하는 데 있어 중요한 항목에 가중치를 할당하며 수정해나가죠. 그리고 학습이 끝나면 그 모델을 이용하여 우리가 관심이 높거나 흥미를 보일 만한 영상(제품)을 결정하여 추천하는 거예요.

정리하면 결국 인공지능은 어떤 목적을 가지고 그 목적을 달성할 수 있도록 데이터를 공부한다는 것을 알 수 있습니다. 우리가 열심히 공부해도 오답을 내는 것처럼 인공지능도 그 과정에서 종종 틀린 답을 내기도 합니다. 하지만 인공지능은 좌절하지 않아요. 가중치를 수정해나가며 다시 도전하고, 또 틀리면 또 수정해나갑니다. 아까 좌푯값에 맞을 때까지 그래프를 계속 그려냈던 것처럼 말입니다. 그러한 시행착오 속에서 인공지능은 점점 틀리는 횟수를 줄여나가죠. 인공지능 스스로 생각하기에[6] 거의 틀리지 않게 되면 학습을 마무리하며 최종적으로 가중치를 확정합니다. 드디어 모델이 완성된 거죠. 이렇게 인공지능 모델을 만들고 나면 우리는 그것을 최초 계획했던 목적대로 예측에 활용하는 것입니다.

결국, 인공지능이 학습(훈련)하는 이유도 이렇게 목적에 맞는 모델 하나를 얻기 위함입니다. 이 함수만 찾으면 원하는 결과를 예측할 수 있으니까요. 어쩌면 우리의 학습도 마찬가지일 것이에요. 공부를 왜 할까 생각할 수 있죠? 때론 열심히 했다고 생각하는데 성적이 오르지 않아서 답답할 때도 있고요. 그러면 공부하는 방법을 바꿔보기도 하죠. 그러면서 여러분도 여러분만의 모델을 만들어가고 있는 것입니다. 여러분들의 꿈이라는 목적을 실현하기 위한, 여러분의 밝은 미래를 만들어갈 모델을 말입니다(그러니 잔소리처럼 들릴지 모르지만, 여러분도 각자 꿈과 희망을 위해 포기하지 말고 열심히 학습해나가면 좋겠어요^^).

6. 엄밀히 말하면 사실 사람이 사실 결정해주는 거죠. "이 정도 틀리는 것은 정답으로 쳐줄게…"

미션, 수학으로 뇌신경을 모방하라!

지능과 가장 깊이 관련된 사람의 신체구조는 어디일까요? 네, 바로 뇌입니다. 뇌 중에서도 특히 뇌신경이 지능과 깊이 관련되어 있죠. 단순히 인간의 뇌를 물리적으로 모방하려는 데서 벗어나 뉴런(neuron), 시냅스(synapse), 신경전달물질 (neurotransmitter) 등이 다양한 정보를 받아들여 처리하는 것처럼 인공지능도 이런 뇌신경을 모방하면서 성능이 크게 업그레이드되고 있습니다. 딥러닝(deep learning)에서 딥(deep)은 영어로 '깊은'을 의미해요. 깊이 있는 학습! 2022년 12월에 2022 교육과정이 공개되었죠. 2022 교육과정에서는 깊이 있는 학습을 추구해요! 영어로 말하면 딥러닝을 추구하는 것이죠! 그러면 인공지능은 어떻게 깊이 있는 학습을 할까요? 그 해답도 사람의 학습을 모방한 거예요! 결국, 인공지능은 지능을 인공적으로 구현하기 위하여 지능이 있는 사람을 관찰하고 모방할 수밖에 없죠. 그래서 이 장에서는 머신러닝에서 한 단계 더 발전한 기술로, 사람의 뇌에서 일어나는 지적 과정을 모방한 딥러닝(심층신경망)과 수학적 원리에 대해서 함께 알아보아요.

딥러닝과 수학

01 뇌신경의 작동원리

0100110101001001001110011100010011010100100100111001110001001101010100110101001001011010100100 1

활성화 함수로 풀어보는 우리 뇌의 신비

지능과 뇌는 관련성이 높아요. 물론 지능은 신체의 다른 부분과도 밀접하게 관련되어 있습니다. 그래서 몸이 건강해야 지능도 좋아져요. 이는 "건강한 신체에 건강한 정신이 깃든다."는 오랜 격언에서도 짐작할 수 있죠.

그럼에도 아무튼 지능과 연관성이 가장 높은 기관은 뇌입니다. 인간의 뇌는 사실 아직도 상당 부분이 미지의 영역으로 남아있을 정도로 신비로운 기관입니다. 일단 뇌는 크게 대뇌, 소뇌, 뇌간으로 구성되고 있어요. 대뇌는 기억, 감정을 담당하며 언어, 판단, 행동 등과 관련이 있어요. 소뇌는 운동과 연관이 있어 우리의 행동을 조정하고, 뇌간은 생명 유지 활동인 호흡, 체온 조절을 제어하죠. 결국, 뇌 중에서도 대뇌가 지능과 가장 연관된 부분이에요.

그럼 뇌를 대체 어떻게 모방해야 컴퓨터가 지능을 갖게 할 수 있을까요? 반복해서 말하지만, 사람이 하늘을 날게 된 건 인간이 날갯짓을 따라했기 때문이 아님을 상기시켜 드리고 싶어요. 즉 뇌를 모방한다는 건 사람의 뇌와 똑같은 뭔가를 만들어 기계에 넣는 것이 아니라는 뜻입니다. 뇌가 작동하는 원리를 파악하고, 그 원리를 컴퓨터가 구현할 수 있게 해주면 되는 거죠. 그래서 먼저 뇌의 작동원리에 대해서 살펴보려고 합니다. 그 전에 먼저 우리 인간의 뇌를 조금 더 살펴보아요.

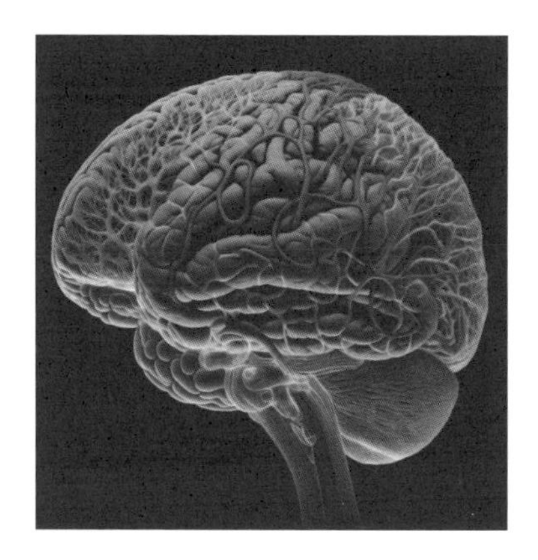

인공지능이 그린 인간의 뇌

인간의 뇌, 특히 대뇌 신피질은 구불구불한 주름이 많이 잡혀 있어요. 바로 이곳에 수많은 신경세포가 존재합니다. 인공지능도 이러한 특징을 그림에 담아냈습니다.

{뉴런 간 정보 전달은 어떻게 이루어지나?}

대뇌도 여러 부분으로 구성되지만, 그중에서도 대뇌 신피질에 엄청난 신경세포가 존재합니다. 뇌 사진이나 이미지를 보면 항상 구불구불한 주름이 표현되어 있죠. 이처럼 대뇌 신피질은 주름이 많이 잡혀 있습니다. 실은 이것도 수학적이고 과학적이죠. 머리의 크기는 무한정 클 수 없으니 제한된 머리 크기 안에서 최대한 많은 신경세포가 존재하도록 만들기 위한 구조가 바로 '주름'이니까요. 만약 그 주름을 펼

친다고 가정하면 A4용지 4장 정도(약 2,500㎠)의 크기가 된다고 하니 인체는 들여다볼수록 참 신비롭습니다.

사람의 대뇌 신피질에는 약 1,000억 개 이상의 신경세포(뉴런)가 존재한다고 합니다. 이 신경세포는 다른 신경세포와 연결되어 있어서 정보를 전달하죠. 하나의 뉴런은 아래의 그림처럼 생겼어요. 뉴런은 주로 신경세포체, 가지돌기, 축삭돌기로 구성되어 있어요. 신경세포체는 핵과 세포질로 구성되어 있어 물질대사가 일어나 뉴런에 필요한 물질과 에너지를 공급하는 역할을 합니다. 가지돌기는 신경세포체에서 나온 짧은 돌기, 감각 수용기나 다른 뉴런에서 오는 흥분을 받아들여요. 축삭돌기는 다른 뉴런이나 근육에 흥분을 전달해주는 통로 역할을 하는데, 축삭 말단에는 신경전달물질이 있어서 다른 뉴런이나 반응기에 흥분을 전달합니다. 특히 축삭돌기 말단은 축삭돌기의 끝부분으로 신경전달물질을 담고 있는 시냅스 소포가 있습니다. 가지돌기는 다른 뉴런에 정보를 받는 돌기이며,

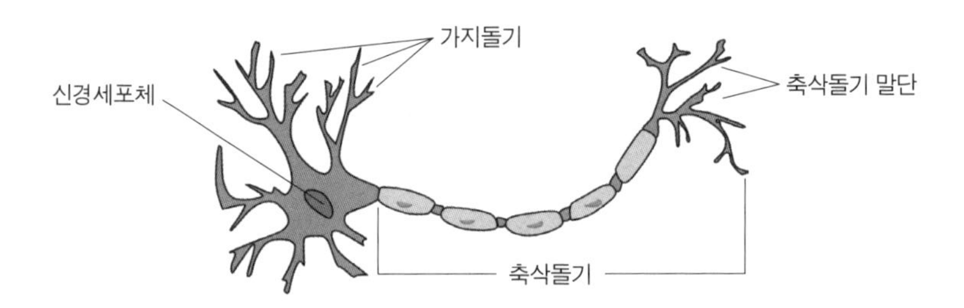

뉴런의 구조와 뉴런 간 정보 전달

사람의 내외 신피질에는 약 1,000억 개 이상의 신경세포(뉴런)가 존재한다고 합니다. 전기신호를 통해 뉴런 간 정보 전달이 이루어집니다.

축삭돌기 말단에서는 다른 뉴런에 정보를 발송하게 됩니다. 또 가지돌기가 받는 전기 신호는 신경세포체에서 처리한 후 축삭돌기를 지나 다음 뉴런으로 전달하게 되죠.

그런데 항상 모든 정보를 전달하는 것은 아니에요. 예를 들어 우리가 짠 성분이 들어간 음식을 먹었을 때 항상 짠맛을 느끼는 것은 아닙니다. 요리할 때 간을 보면서 소금이나 간장을 넣어도 어느 정도까지는 짠 성분을 느끼지 못합니다. 그러다가 짠맛이 일정한 값 **이상**이 되어야 비로소, '어, 짜네!'라고 느끼게 돼요. 이처럼 우리는 어떤 자극이든 일정 수준을 넘어서야만 그것을 인지하는데, 이를 역치(threshold value), 즉 **임곗값**이라고 합니다. 그럼 이 과정을 조금 더 생명과학과 연관하여 설명해볼게요.

{ 얼마나 강해야 의미 있는 자극으로 느낄 수 있나? }

뉴런 내에서 어떠한 전기적 신호를 **흥분**이라고 하며, 이 흥분이 특정 방향으로 이동하는 것을 **흥분의 전도**라고 해요. 전도는 하나의 뉴런에서 진행되는 것이에요. 하나의 뉴런은 다른 뉴런과 연결되어 자극을 받아요. 뉴런은 여러 전기적 신호를 **합하며** 전도는 전위가 일정한 값(역치) 이상일 때 가능해요. 즉 전위가 일정한 값을 넘지 않으면 전도는 일어나지 않습니다. 이처럼 뉴런은 전기적 신호의 **합**이 일정한 값 이상이어야 다음 뉴런으로 정보를 전달하고, 그 값보다 작으면 전달하지 않죠. 이것이 뇌신경이 정보를 전달하는 작동 원리이며,

바로 이 작동원리대로 컴퓨터도 동작하게 만들어야 해요.

여기서 잠깐! 뉴런에 대한 이야기에서 수학 용어 '합', '이상'이 나온 것을 눈치채셨나요? 네, 신경세포의 작동은 수식으로 표현할 수 있어요. 즉 뉴런이 흥분을 전도하는 것은 **전기적 신호를 '합'하고**, 그 전기적 신호의 합이 **일정한 값 '이상'일 때** 가능해요. 이 부분에 대해서, 함수와 그래프를 이용하여 설명해볼께요. 예를 들어 인접한 뉴런 1, 2, 3으로부터 받은 입력 신호를 각각 x_1, x_2, x_3이라 하고, 반응을 일으키는 일정한 값을 θ라고 해요. 그러면 입력 신호의 합은 $x_1+x_2+x_3$이죠? 그것이 일정한 값 θ이상이면 전도가 가능하다는 사실은 아래와 같이 표현할 수 있겠죠.

$x_1+x_2+x_3 \geq \theta$이면 뉴런에서 전도가 가능하며

$x_1+x_2+x_3 < \theta$이면 뉴런에서 전도가 발생하지 않는다

즉 위와 같이 뇌의 작동원리가 2줄의 수식으로 정리가 되었어요. 그러면 이제 이를 컴퓨터가 이해할 수 있게 변환해볼게요. 왜냐하면 컴퓨터는 사실 0과 1을 입력받고, 처리하고 출력하니, "컴퓨터는 전도가 가능하다. 전도가 발생하지 않는다"와 같은 방식으로 입력하면 처리할 수 없기 때문이에요. 그래서 컴퓨터가 이해할 수 있도록 뉴런에서 전도가 일어나면 1, 전도가 일어나지 않으면 0이라고 약속합니다. 그리고 이를 전기적 신호를 전달하는 함수 α로 표현하면 다음과 같겠죠?

$$\alpha(x_1, x_2, x_3) = \begin{cases} 0 \; (x_1 + x_2 + x_3 < \theta) \\ 1 \; (x_1 + x_2 + x_3 \geq \theta) \end{cases}$$

인공지능을 움직이게 하는 활성화 함수

자, 다시 한번 정리해봅시다. 전기적 신호를 전달하는 함수 α는 세 입력값 x_1, x_2, x_3을 입력받고요. 그 값들을 합하여 일정한 값, 즉 θ이상이면 1을 출력하고, 그 미만이면 0을 출력합니다. 어떤가요? 방금 우리는 아주 간단한 뇌신경 하나를 수학적으로 모델링한 것입니다. 실제로 이 함수 α는 정말 간단한 인공지능 모델의 하나이기도 해요. 이처럼 신경세포의 작동원리를 한 줄의 수식으로, 하나의 함수로 표현할 수 있다는 점에서 수학은 참 아름답고 경이로운 학문이라고 생각되지 않나요?

아무튼 인공지능에서 이 함수를 가리켜 **활성화 함수**라고 합니다. 쉽게 말해 인공지능은 일정한 값에 이르기 전까지는 활성화되지 않다가, 일정한 값을 넘어야 비로소 활성화되어 작동한다고 생각하면 활성화 함수 이름의 의미를 쉽게 이해할 수 있을 거예요. 마치 어떤 자극이 입계치를 넘어야 뉴런 간 정보 전달이 이루어지는 것처럼 말입니다.

아직도 개념이 잘 와닿지 않는다면, 활성화 함수를 그림으로 표현해보면 조금 더 느낌이 올 수 있어요. 그래서 좌표평면에 활성화 함수의 그래프를 그려볼게요. 뉴런에 입력되는 신호의 합을 가로

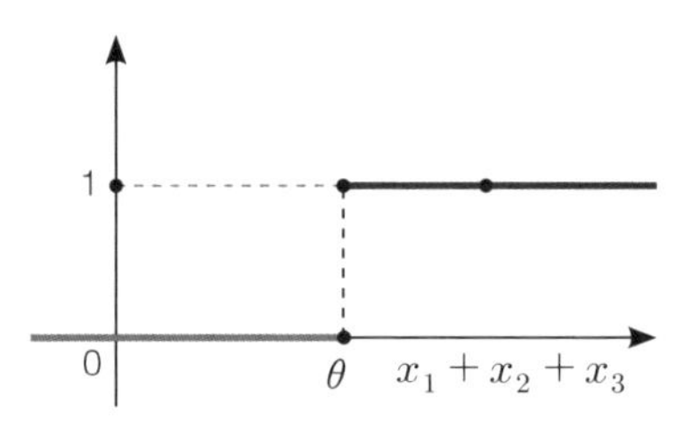

계단 함수

활성화 함수 중 하나입니다. 일정한 값 θ 이하면 계속 0으로, 즉 전혀 활성화되지 않다가, 일정한 값인 θ 이상부터 1로 활성화되는 함수를 말합니다.

축으로 하고 뉴런의 출력 신호를 세로축으로 하여 함수의 그래프를 그리면 위의 그림과 같아요. 일정한 값 θ 이하면 계속 0으로, 즉 전혀 활성화되고 있지 않다가, 일정한 값 θ 이상부터 1로 활성화되는 상태를 수학 그래프로 시각화해보니 마치 계단 모양 같네요. 그래서 이를 **계단 함수**라고도 한답니다. 어떤가요? 이제 좀 머릿속에 수학적인 그림이 그려지나요? 하지만 활성화 함수에는 비단 계단 함수만 있는 것은 아닙니다. 바로 다음 이야기에서 다양한 활성화 함수들을 좀 더 살펴봅시다.

02 다양한 활성화 함수들

수학이 인공지능을 움직이는 방법

인공지능에서 사용하는 활성화 함수는 여러 가지가 있어요. 조금 전 그래프로 살펴본 계단 함수도 활성화 함수 중의 하나죠. 출력값이 0과 1로 임곗값보다 커지면 뉴런을 활성화시키는 계단 함수는 가장 간단하게 구현할 수 있는 것이 장점입니다. 하지만 연속함수가 아니라는 치명적인 단점 때문에 실질적으로는 사용되기 어렵습니다. 0과 1 사이에서 불연속이니까요.

{ 불연속이 아닌 함수를 찾아라! }

다행히도 계단 함수 말고도 다양한 활성화 함수들이 존재합니다. 다른 활성화 함수들에 대해 알아보기 전에 방금 소개했던 임곗값을 넘으면 활성화되는 계단 함수를 다시 떠올려볼게요.

$$x_1 + x_2 + x_3 \geq \theta$$

이 식에서 양변 중 한쪽이 0이 되면 더 이해하기 쉬워요. 그래서 양변에서 θ를 빼서 다시 정리하면 다음과 같이 적을 수 있어요.

$$\alpha(x_1, x_2, x_3) = \begin{cases} 0 \ (x_1 + x_2 + x_3 < \theta) \\ 1 \ (x_1 + x_2 + x_3 \geq \theta) \end{cases}$$
$$= \begin{cases} 0 \ (x_1 + x_2 + x_3 - \theta < 0) \\ 1 \ (x_1 + x_2 + x_3 - \theta \geq 0) \end{cases}$$

그리고 그래프를 그리면 132쪽의 왼쪽에 있는 그래프처럼 그릴 수 있어요. 하지만 이 계단 함수의 그래프는 x=0에서 불연속입니다. 그런데 불연속 함수인 경우에는 불연속점에서 미분이 불가능하기 때문에 인공지능에서 적절하게 활용하기가 쉽지 않습니다. 그래서 이 함수의 그래프와 비슷하게 생겼지만, 불연속이 아닌 함수를 찾아냈죠. 그 대표적인 함수가 바로 **시그모이드 함수**예요. 시그모이드 함수의 식은 다음과 같습니다.

$$\sigma(x) = \frac{1}{1 + e^{-x}}$$

시그모이드 함수에서는 만약 x가 0보다 작으면 거의 0에 가까운 함숫값을 갖게 되며, 0보다 크면 1에 가까운 함숫값을 갖게 됩니다. 그리고 x=0에서도 연속이고 미분도 가능합니다.

{시그모이드 함수가 뭐야?} 제가 챗지피티에게 시그모이드 함수에 대해 물었더니 다음과 같이 답하였어요. 위에서 설명한 내용을 기억하면서 한번 읽어보면 좋겠습니다.

시그모이드 함수는 인공지능을 포함한 많은 다른 분야에서 사용되는 수학적 함수입니다. 수학에서, 시그모이드 함수(sigmoid function)는 다음과 같이 정의되는 비선형 함수의 한 종류입니다. 시그모이드 함수는 그래프(132쪽 참조)에서 볼 수 있듯이 특징적인 "S" 모양을 가지고 있습니다.

시그모이드 함수는 다양한 응용 분야에서 유용한 몇 가지 중요한 특성이 있습니다. 첫째, 시그모이드 함수는 연속적이고 미분할 수 있습니다. 이를 통해 함수를 더욱 쉽게 작업하고 분석할 수 있으며, 더욱 정확한 예측과 결정을 할 수 있습니다.

둘째, 시그모이드 함수는 비선형적이며, 이는 데이터 내의 복잡한 비선형 관계를 모델링할 수 있음을 의미합니다. 이는 복잡한 비선형 패턴과 데이터 내의 관계를 모델링해야 하는 경우가 많은 인공지능을 포함한 많은 애플리케이션에서 중요합니다.

셋째, 시그모이드 함수는 0에서 1 사이의 범위를 가지며, 이는 이진 결과 또는 확률을 모델링하는 데 사용될 수 있음을 의미합니다. 이는 특정 사건이 발생할 확률을 모델링하는 데 종종 시그모이드 함수가 사용되며, 머신 러닝에서 특히 유용합니다.

전반적으로, 시그모이드 함수는 인공지능을 포함한 많은 다른 분야에서 사용되는 중요한 수학적 도구합니다. 시그모이드 함수는 연속성, 미

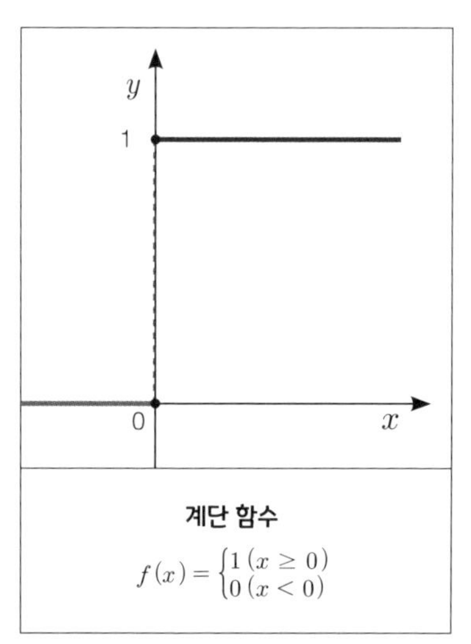

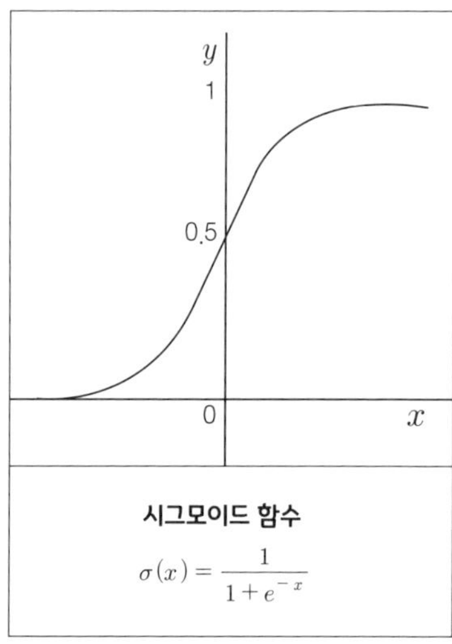

계단 함수(좌)와 시그모이드 함수(우)

계단 함수의 그래프는 x=0에서 불연속입니다. 한편 시그모이드 함수는 불연속 함수면 미분이 불가능한 문제를 해결하여 x가 0보다 작으면 거의 0에 가까운 함숫값을 가지며, 0보다 크면 1에 가까운 함숫값을 갖게 됩니다.

분 가능성, 비선형성, 범위의 특성을 결합하여 데이터 내의 복잡한 비선형 관계를 모델링할 수 있으며, 다양한 응용 분야에서 정확한 예측과 결정을 내리는 데 사용될 수 있습니다.

그리고 이 밖에도 다양한 활성화 함수가 있습니다. 특히 나날이 성장하는 인공신경망 기술의 발달과 함께, 시그모이드 함수 이외에도 여러 종류의 활성화 함수가 주목받고 있죠. 그래서 몇 가지 활성화 함수에 대해 좀 더 살펴보려고 합니다.

음의 값에 대해 0을 출력하는 렐루 함수

최근에 많이 사용되는 활성화 함수로는 렐루(Relu, Rectified Linear Unit) 함수가 있어요. 렐루 함수는 다음과 같이 정리할 수 있습니다.

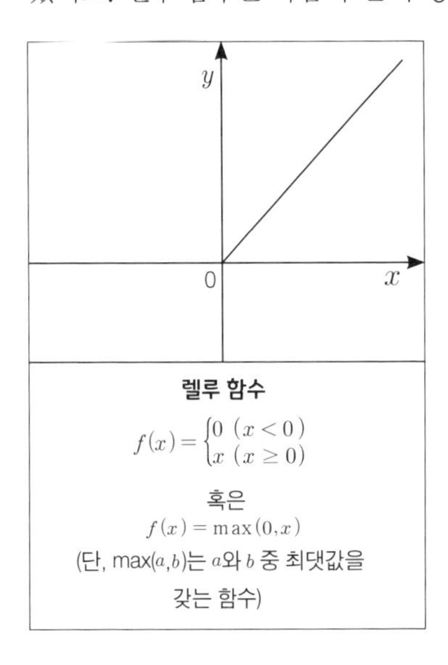

$$f(x)=\begin{cases}0 & (x<0)\\ x & (x\geq 0)\end{cases}$$

위의 식에서 표현된 것처럼 일정한 값보다 작으면 0으로 동일하지만, 일정한 값보다 크면 x 값을 갖도록 설정한 함수예요. 이 함수의 그래프는 x의 양(+)의 값에 대해 선형 모양을 가지며 x의 음(-)의 값에 대해서는 0의 상숫값을 출력해요. 즉 0 이하의 값에 대해서는 0으로 출력하고, 0 이상의 값에 대해서는 x로 출력함으로써 연속함수를 만들 수 있죠. 렐수 함수는 비교적 간단하면서도 빠르게 계산할 수 있어, 머신러닝에서 좋은 성능을 보이는 활성화 함수로 활용되고 있어요.

0을 기준으로 범주를 나누는 쌍곡탄젠트 함수

다음으로 살펴볼 것은 쌍곡탄젠트(hyperbolic tangent, tanh) 함수입니다. 쌍곡탄젠트 함수[1]는 다음과 같이 정의됩니다.

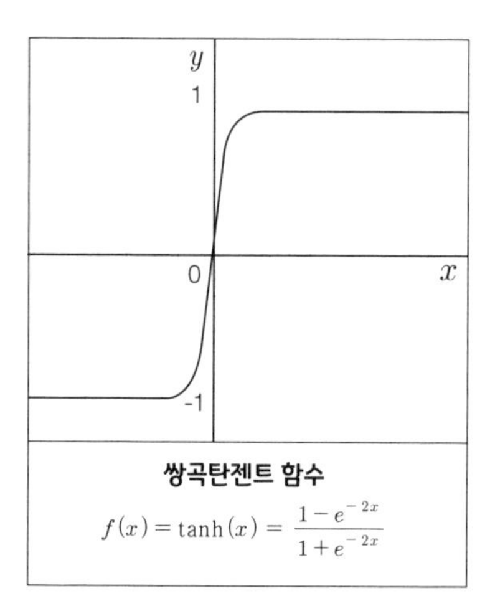

쌍곡탄젠트 함수

$f(x) = \tanh(x) = \dfrac{1-e^{-2x}}{1+e^{-2x}}$

$$f(x) = \tanh(x) = \frac{1 - e^{-2x}}{1 + e^{-2x}}$$

이 함수 또한 일반적으로 사용되는 활성화 함수 중 하나입니다. 그런데 이 함수는 얼핏 보기에 바로 앞에서 살펴본 시그모이드 함수와 그래프의 모양이 S자 형태로 비슷하네요. 하지만 아래의 표에 정리한 것처럼 시그모이드 함수의 경우 함숫값(y) 0.5를 기준으로 0~1까지를 두 범주로 나눌 수 있다면, 쌍곡탄젠트 함수는 함숫값(y) 0을 중심으로 −1~+1까지 두 범주로 나눌 수 있는 특징이 있다는 점에서 서로 다릅니다.

시그모이드 함수와 쌍곡탄젠트 함수의 비교

	시그모이드 함수	쌍곡탄젠트 함수
치역 (혹은 y 값의 범위)	0~1	-1~1
중앙값	0.5	0
도함수의 최댓값	0.25	1

1. 쌍곡사인 함수를 쌍곡코사인 함수로 나누어서 만든 함수.

쌍곡탄젠트 함수는 부드럽고 미분 가능한 수학적 형태로 치역[2]이 −1에서 1의 범위를 가집니다. 그리고 중앙값이 0이라서 시그모이드 함수에서 발생하는 편향이동이 발생하지 않는 것 등의 특징이 머신러닝에서 매력적으로 작용합니다.

· 중앙값이 0으로 편향 이동이 발생하지 않는다.

· 시그모이드 함수보다 범위가 넓어 출력값의 변화폭이 커서 기울기 소실(gradient vanishing), 즉 값이 일정 수준 이상 커질 때 미분값이 소실되는 증상도 시그모이드 함수보다 낮다.

신경망의 성능을 높이는 리키렐루 함수

리키렐루(Leaky ReLU) 함수는 렐루 함수의 변형입니다. 표준 렐루(ReLU, Rectified Linear Unit) 함수가 가진 한계를 일부 해결해주는 장점이 있는 리키렐루 함수는 다음과 같이 정의됩니다.

$$f(x) = \begin{cases} ax & (x < 0) \\ x & (x \geq 0) \end{cases}$$

이 식에서 x가 0보다 작을 때 붙는 a는 아주 작은 양의 상수입니다. 그래서 리키렐루(Leaky ReLU) 함수는 음수 데이터가 입력되면 작은 기울기를 갖도록 함으로써 신경망의 성능을 향상시키는 데 도움이

2. 어떤 함수가 취할 수 있는 모든 값의 집합을 말합니다.

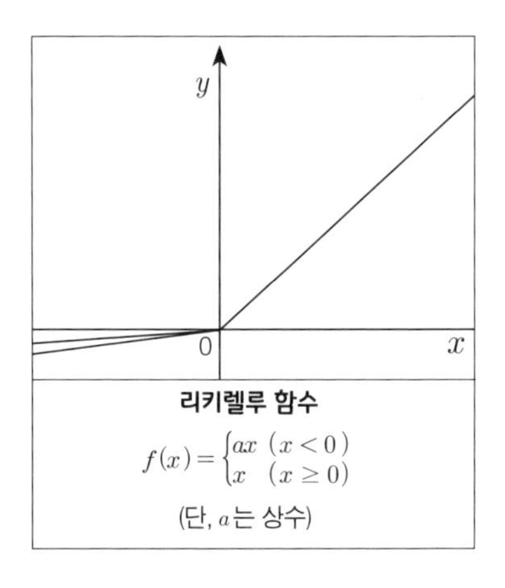

리키렐루 함수

$$f(x)=\begin{cases} ax & (x<0) \\ x & (x \geq 0) \end{cases}$$

(단, a는 상수)

될 수 있어요. 왜냐하면 x가 음수일 때도 미분계수가 0이 아니므로 정보가 손실되지 않기 때문입니다.

물론 여기에서 소개한 것 말고도 인공신경망에 사용되는 활성화 함수는 매우 다양합니다. 그리고 함수마다 고유한 특성과 장·단점을 가지고 있지요. 그리고 어떤 활성화 함수를 선택하는가에 따라 신경망의 성능에 상당한 영향을 미칠 수 있습니다.

03 가중치와 자극

01001101010010010011100111000100110101001001001110011100010011010101001101010010010110101001001

하늘 아래 똑같은 반응은 없다

이제부터는 3장(04 변수와 학습)에서 예고한 대로 '가중치'에 대해 좀 더 자세히 알아보겠습니다. 이를 위해 다시 한번 신경세포(뉴런)의 작동원리를 살펴보면서 설명하려고 합니다. 가중치도 사실 인공지능이 우리 인간을 최대한 모방하는 데 필요한 개념이랍니다.

{ 우리는 언제 침이 고이는가? }

뉴런은 다른 뉴런에서 받은 신호를 합하여 일정한 값 이상이면 다음 뉴런으로 신호를 전달합니다. 이때, 뉴런은 모든 신호를 똑같게 취급하지 않죠. 그래서 다양한 자극에 대한 우리의 반응도 제각각 달라지는 것입니다. 이해하기 쉽게 예를 들어볼까요? 출출할 때 치킨 사진을 보면 어떻게 될까요? 실제 치킨도 아닌데 시각 자극만으로 침이 고인 경험이 있을 것입니다. 하지만 같은 배고픈 상황에서 '볼펜' 사진을 보아도 과연 침이 고일까요? 그보다 훨씬 더 배고 고픈 상황이라고 해도 볼펜을 보면서 침이 고이지는 않죠. 이는 뉴런이 치킨과 볼펜, 이 두 가지 신호를 서로 다르게 취급했기 때문입니다. 그래서 침이 고이기도 하고, 고이지 않기도 하는 거죠. 시각적 자극을 받은 것은 동일하지만, 반응에 있어서는 자극의 종류에 따라 서로 다르게 나타나는 것입니다. 자, 그럼 이것도 한번 수학적으로 표현해봅시다. 치킨과 볼펜을 볼 때의 시각적 자극을 각각 x_1, x_2라 할 때, 침이 고이면 1을 곱하고, 침이 고이지 않으면 0을 곱합니다. 그러면 이때 신호의 합은 이렇게 표현할 수 있습니다.

$$1 \times x_1 + 0 \times x_2$$

여기서 침이 고이면 1, 침이 고이지 않으면 0이 가중치라고 생각할 수 있어요.

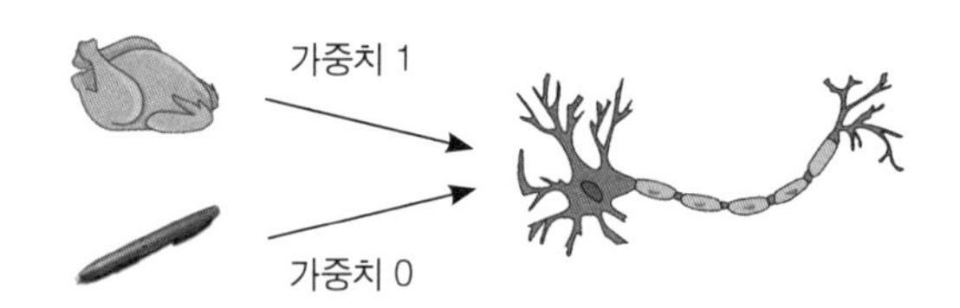

시각 자극에 대한 반응 여부

뉴런은 같은 조건이라도 입력된 모든 자극에 반응하지는 않습니다. 상황에 따라 반응하기도 하고, 때론 반응하지 않기도 하죠. 이러한 원리는 인공지능에도 적용될 수 있습니다.

{ 언제 더 많은 침이 고이는가? }

하지만 이것만으로는 설명이 조금 부족합니다. 왜냐하면 반응의 유무만 설명해줄 뿐, 반응의 강도에 대해서는 설명할 수 없으니까요. 우리 인간은 매번 동일하게 반응하지 않습니다. 어떤 때는 매우 격하게 반응하는가 하면, 또 어떤 때는 보통으로 반응하기도 하며, 때론 아주 약하게 반응하기도 하죠. 즉 자극에 따라 반응 강도가 다릅니다. 자, 그래서 항목을 하나 더 늘려서 설명을 이어가겠습니다. 이제 우리 앞에는 치킨과 볼펜 그리고 피자의 3가지 항목이 놓여있다고 가정합시다. 조금 전처럼 치킨, 볼펜 그리고 피자를 볼 때의 시각적 자극을 각각 x_1, x_2, x_3라 가정할게요. 치킨을 볼 때는 항상 침이 고이지만, 피자를 보면 어떨까요? 어쩌면 치킨만큼은 침이 고이지 않을 수도 있죠. 어쩌면 반대로 피자를 볼 때 침이 더 많이 고일 수도 있습니다. 이처럼 침이 고이는 양은 시각적 자극의 종류에 의해 달라질 수 있어요. 이를 표현한 것이 바로 **가중치**예요.

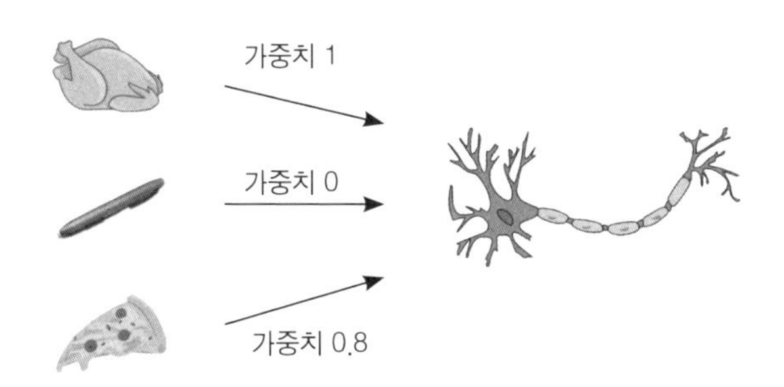

시각 자극에 대한 서로 다른 반응 강도

인간이 모든 자극에 한결같이 반응하지 않는 것처럼 인공지능이 자극에 따른 차이를 인식하도록 수학적으로 표현한 값이 바로 가중치입니다.

여기에서는 편의상 치킨을 보면 항상 침이 고이고, 피자는 치킨의 80%만 침이 고인다고 가정할게요. 이런 가정하에서는 치킨의 시각적 자극에 1을 곱하고, 피자의 시각적 자극에는 0.8을 곱할 수 있겠죠. 또 볼펜을 보면 침이 고이지 않으니 시각적 자극에 0을 곱하는 것입니다. 그 값을 다시 수식으로 표현하면 다음과 같습니다.

$$\text{신호의 합} = 1 \times x_1 + 0 \times x_2 + 0.8 \times x_3$$

자극의 종류에 따라 우리의 몸이 다르게 반응하는 것처럼 '가중치'는 인공지능이 이러한 반응의 차이를 인식하도록 수학적으로 표현해내는 값인 거죠. 이제 조금 더 신경세포를 정교화해서 수식 하나로 만들어봅시다. 뉴런 1, 2, 3으로부터의 입력 신호를 각각 x_1, x_2, x_3, 각 신호에 대한 가중치를 w_1, w_2, w_3, 일정한 값을 θ라고 할 때, 다음과 같이 생각할 수 있습니다.

$w_1x_1 + w_2x_2 + w_3x_3 \geq \theta$ 이면 뉴런에서 전도가 가능하며

$w_1x_1 + w_2x_2 + w_3x_3 < \theta$ 이면 뉴런에서 전도가 발생하지 않는다

양변 중 하나는 0으로 표현되면 이해하기 편하니 양변에 θ를 빼고, 음수값보다는 양수값을 이해하는 것이 더 편하니까 $-\theta = b$로 변환해요. 그리고 이 b를 **편향**[3]이라고 해요. 그럼 다음과 같이 식을 다시 정리할 수 있어요.

$w_1x_1 + w_2x_2 + w_3x_3 + b \geq 0$이면, 뉴런에서 전도가 가능하며

$w_1x_1 + w_2x_2 + w_3x_3 + b < 0$이면, 뉴런에서 전도가 발생하지 않는다

{인공신경세포의 탄생}

인공신경세포를 직접 만들어볼까요? 뉴런에서 전도가 일어날 때와 일어나지 않을 때의 값을 정해야 하겠죠? 뉴런에서 전도가 일어나면 1, 전도가 일어나지 않으면 0이라 하고, 이를 함수로 표현하면 다음과 같습니다.

$$\sigma(x_1, x_2, x_3) = \begin{cases} 0 \ (w_1x_1 + w_2x_2 + x_3x_3 + b < 0) \\ 1 \ (w_1x_1 + w_2x_2 + w_3x_3 + b \geq 0) \end{cases}$$

이제 아까보다 조금 더 정교한 인공신경세포 하나를 수학적으로 만든 셈이네요. 이것이 컴퓨터의 신경세포 하나입니다. 인공지능은 이 가중치 w_1, w_2, w_3를 변화시키며 최적의 모델을 만들어나가는 것입니다. 인공신경세포 하나를 인공지능에서는 **퍼셉트론**[4]이라고 해요. 퍼셉트론을 한번 시각화해보겠습니다.

---

3 어떤 수치 또는 위치나 방향 등이 기준에서 얼마나 벗어났는지 보여주는 정도나 크기를 말합니다.

4. 퍼셉트론은 예컨대 두 개의 노드(node)가 있을 경우, 그 두 개의 노드가 각각 들어가야 하는 위치인 입력치와 그를 가중하는 가중치, 이를 통해 계산하여 나온 결과인 출력값으로 구성됩니다. 가중치와 입력치를 곱한 것을 모두 합한 값이 활성함수에 의해 판단되는데, 그 값이 임곗값(보통 0)보다 크면 뉴런(혹은 내부 함수)이 활성화되고 결과값으로 1을 출력하죠. 이를 통해 값이 0 또는 1로 결정됩니다. 이렇게 나온값을 출력 값이라고 하며, 이 과정을 통틀어 퍼셉트론이라고 부릅니다. 이 장에서는 퍼셉트론을 수학적으로 설명하고 있어요.

입력 데이터 각각의 값: x_1, x_2, x_3

각 데이터에 대한 가중치: w_1, w_2, w_3

편향: b

앞에서 제시된 수식에 따라 먼저 각각의 입력 데이터에 각 데이터에 대한 가중치들을 서로 곱한 후에, 곱한 값을 모두 더하고 여기에 편향까지 더하면 됩니다.

$$w_1x_1 + w_2x_2 + x_3x_3 + b$$

이렇게 계산된 값이 0 이상이면 1을 출력하고, 0보다 작으면 0을 출력하는 활성화 함수에 입력하여 출력값을 얻어요. 이 과정을 도식화하면 아래 그림과 같아요.

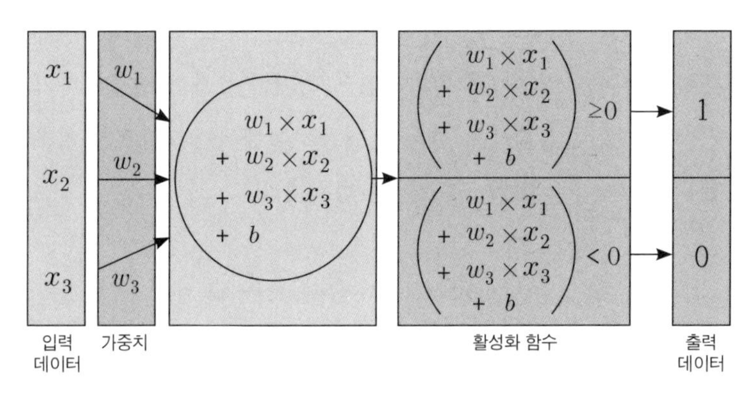

인공지능 퍼셉트론

수학의 가중치를 적용하여 인간처럼 반응의 차이를 인식할 수 있는 인공신경세포 하나를 만든 것입니다.

이렇게 우리는 인공신경세포를 하나 만들었습니다. 자신감이 막 샘솟지 않나요? 이제 무엇을 더 하고 싶은가요? 맞아요. 제대로 기능하는지 확인이 필요합니다. 과연 우리가 만든 인공신경세포가 인간처럼 생각할 수 있는지는 다음 이야기에서 함께 확인해봅시다.

인간처럼 생각하는 인공신경세포 하나 만들기

인공신경세포를 만들었으면, 과연 그것이 제대로 실행되는지 확인하는 것이 필요해요. 그래야 진정한 신경세포인지 알 수 있을 테니까요. 그러면 사람이 생각하는 것 중에서 가장 기초적인 것부터 하나씩 하나씩 확인해볼게요.

{ 논리적으로 생각하고 처리하게 하는 비밀은 역시 수학 }

살아가면서 우리는 다양한 의사결정을 하게 됩니다. 이때 여러 가지 관점으로 생각할 수 있죠. 논리적인 사고도 인간의 주요한 특징이에요. 물론 우리 인간이 늘 논리적인 사고에 기반해 의사결정을 하는 것은 아닙니다. 때론 뭔가에 현혹되어 비논리적으로 생각이 치우치기도 하고, 이성보다는 감성에 치우쳐 감정적인 판단을 내리기도 합니다. 하지만 사람을 모방하여 만든 인공지능이 논리적으로 생각하여 판단하면서 일을 처리하면 좋겠죠? 그렇기에 여기에서는 먼저 논리적인 인공지능을 만들 수 있는지와 구체적으로는 우리가 만든 인공신경세포 하나가 논리적으로 작동하는지 확인해보려고 해요. 다만 인공지능은 진짜 사람이 아니기 때문에 논리적으로 사고를 하게 하려면 어쨌든 수학의 힘을 빌릴 수밖에 없습니다. 사실 수학은 논리의 집합체나 다름없거든요.

논리 하면 떠오르는 수학자가 있어요. 피타고라스! 혹시 피타고라스 정리 증명 들어보셨나요? 피타고라스는 "세상은 수로 구성되어 있다."고 주장했어요. 피타고라스 정리는 증명할 수 있죠. 증명은 곧 정당화라고 말할 수 있어요. 즉 정당화를 통해 다른 사람들도 나의 주장에 동의할 수 있도록 만드는 것이죠. 피타고라스 이후, 플라톤, 아르키메데스 등의 수학자들도 명제[5] 그리고 추론, 정당화(증명)를 활용하여 수학을 발전시켜나갔습니다. 17세기 이후에는 러셀, 힐베르트, 괴델 등에 의해 논리와 집합론으로 발전하게 되었죠.

{ 논리적 사고의 시작은 AND, OR, NOT }

혹시 논리적 사고라고 하니까 너무 거창하게 여겨지나요? 물론 이해관계를 복잡하게 따져야 하는 경우도 있겠지만, 아주 단순한 상황에서도

5. 2장에서 설명했습니다.

우리는 논리적 사고를 합니다. 그래서 아주 간단한 예로 시작해볼게요. 먼저 사람은 AND(와), OR(또는), NOT(부정) 등을 자연스럽게 구분할 수 있죠. 자, 다음의 표현을 살펴봅시다.

"나는 피자와 치킨이 먹고 싶어."

"피자 또는 치킨을 먹으면 어때?"

"점심에 치킨 먹었으니까, 저녁에는 다른 거 먹자."

위의 3가지 표현 중에서 1번째 표현은 피자랑 치킨 둘 다 모두 먹고 싶다는 의미입니다. 두 번째 표현은 피자나 치킨 둘 중 하나를 먹고 싶다는 뜻이죠. 마지막 세 번째 표현은 오늘 저녁에는 치킨을 먹기 싫다는 부정의 의미입니다. 우리는 이런 표현에 대해 직관적으로 자연스럽게 이해할 것입니다. 이는 엄연히 논리적 사고의 결과죠. 그렇다면 우리가 만든 인공신경세포 하나도 이런 차이를 이해하게 만들 수 있을까요? 그것이 가능하다면 인공신경세포가 논리적으로 생각하게 만들 수도 있을 것 같은데 말이죠.

인공신경세포도 AND, OR, NOT을 구분할까?

자, 그래서 여러분과 함께 인공신경세포가 AND, OR, NOT을 구분할 수 있는지 확인해보려고 합니다. 그러기 위해서는 논리회로와 연산자에 대해서 조금 알아야 해요. 먼저 논리회로는 "참 또는 거짓을 판단할 수 있는 정보를 바탕으로 규칙에 따라 신호를 처리하는 회로"를 말합니다. 한편 연산자는 "산술, 비교, 논리" 등이 있어요. 세부적으로 산술 연산자는 +, −, ×, ÷와 같은 사칙연산에 사용되며 그 결과는 숫자로 나타나죠. 비교 연산자는 두 대상을 비교하고 그 결과는 참(True) 혹은 거짓(False)의 형태로 나타나요. 논리 연산자는 논리적인 조건을 평가하고 논리적인 연산을 수행하는 것으로 AND, OR, NOT, NAND[6] 연산자 등이 있어요. 이 논리회로와 연산자는 수학에서 공부하는 진리표를 이용하여 정리할 수 있어요. 진리표는 조건의 참 거짓을 표현한 것입니다.

치킨과 피자를 먹었는지 아닌지로 진리표를 정리해볼까요? 먼저 AND 연산자입니다. 이 경우는 입력되는 모든 조건이 참일 때만 참을 출력해요. 예를 들면 오늘 '치킨 그리고 피자를 먹었다'(치킨 AND 피자)는 문장은 치킨도 먹고, 피자도 먹었어야만 참인 문장, 즉 진실이 되죠. 반면에 오늘 '치킨 혹은 피자를 먹었다'(치킨 OR 피자)는 문장은 치킨 혹은 피자 둘 중 하나만 먹었어도 참인 문장이 됩니다. 오늘 '치킨 안 먹었다(NOT 치킨)'는 문장은 치킨을 안 먹었어야 참인 문장이 돼요. 그럼 '오늘 치킨과 피자를 모두 먹은 것은 아니야'(치킨 NAND 피자)는 문장은 어떤가요? 이것은 AND와 NOT을 결합한 것으로, 만약 둘 다 먹었으면 거짓말을 한 것이고, 뭐든 하나라도 먹었거나 아무것도 먹지 않았으면 진실을 말한 것이죠.

6. NAND. 부정 논리곱. 즉 양쪽이 참인 경우에만 거짓이 되며, 다른 조합은 모두 참이 되는 논리 연산을 말합니다.

치킨과 피자로 정리해본 진리표

치킨	피자	치킨 *AND* 피자	치킨 *OR* 피자	*NOT* 치킨	치킨 *NAND* 피자
X거짓	X거짓	X거짓	X거짓	O참	O참
X거짓	O참	X거짓	O참	O참	O참
O참	X거짓	X거짓	O참	X거짓	O참
O참	O참	O참	O참	X거짓	X거짓

{ 도전, 치킨과 피자를 모두 먹었는지 판단하는 인공신경세포를 만들어보자! }

진리표에 근거해 이제 '치킨과 피자를 모두 먹었다'는 문장이 거짓말인지 진실인지 파악하는 인공신경세포 하나를 우리가 직접 만들어볼까요? 우선 컴퓨터가 '치킨', '피자 먹었다' 등의 텍스트를 이해하기 쉽지 않으니 컴퓨터가 이해할 수 있게 변환하는 작업을 해야 합니다.

변수와 출력값을 설정하라

먼저 치킨과 피자에 대해 아래와 같이 변수를 설정하기로 해요.

치킨과 관련된 변수는 x_1

피자와 관련된 변수를 x_2

그리고 먹었는지, 안 먹었는지는 각각 1과 0으로 설정하는 거죠. 앞에서도 얘기한 것처럼 컴퓨터는 1, 0을 이해하니까요. 그러면 아래와 같이 표현할 수 있겠죠?

치킨(x_1)을 먹었으면 1, 즉 $x_1 = 1$,

치킨(x_1)을 안 먹었으면 0, 즉 $x_1 = 0$,

피자(x_2)를 먹었으면 1, 즉 $x_2 = 1$,

피자(x_2)를 안 먹었으면 0, 즉 $x_2 = 0$

우리가 원하는 대로 인공지능이 작동하려면?

그럼 이제 "치킨과 피자를 모두 먹었다"는 문장이 거짓말인지 진실인지 파악하는 인공지능은 어떻게 작동해야 할까요? 다음과 같이 생각할 수 있어요. 우선 인공지능에게 입력되는 값은 치킨(x_1), 피자(x_2)를 먹었는지 아닌지(1 또는 0)를 나타내는 정보예요. 즉 x_1, x_2의 값이 입력되어요. 그리고 인공지능이 출력하길 원하는 값은 x_1 & x_2(치킨과 피자)를 먹었는지 여부입니다. 그러니까 우리가 원하는 대로 작동한다면 인공지능은 아래와 같이 동작할 거예요.

$x_1 = 0$, $x_2 = 0$이면 x_1 & $x_2 = 0$

$x_1 = 0$, $x_2 = 1$이면 x_1 & $x_2 = 0$

$x_1 = 1$, $x_2 = 0$이면 x_1 & $x_2 = 0$

$x_1 = 1$, $x_2 = 1$이면 x_1 & $x_2 = 1$

이를 다음과 같이 표로 다시 정리해볼 수 있어요.

입력			출력(목표)
치킨(x_1)	피자(x_2)		치킨과 피자 (x_1 & x_2)
0	0	→ (이면)	0
0	1		0
1	0		0
1	1		1

가장 간단한 인공신경세포로 시작해볼게요. 입력 데이터의 값을 각각 x_1, x_2, 각 데이터에 대한 가중치를 w_1, w_2, 편향을 b인 인공신경세포 하나를 다음과 같이 표현할 수 있습니다.

$$\sigma(x_1, x_2) = \begin{cases} 0 \ (w_1x_1 + w_2x_2 + b < 0) \\ 1 \ (w_1x_1 + w_2x_2 + b \geq 0) \end{cases}$$

인공지능의 모델은 결국 수학의 함수입니다. 인공신경세포 하나는 위와 같은 간단한 수식으로 표현할 수 있습니다. 인공지능은 가중치를 조정하면서 학습하다가, 학습을 마치고 나면 가중치가 고정된 모델(함수) 하나를 얻게 되는 거예요. 3장에서도 설명했지만, 이렇게 얻어진 모델은 인공지능의 논리적 판단기준이 되는 거죠. 아무튼 우리가 만든 인공신경세포 하나를 생각하면(위 모델 참조) 학습을 통해 가중치와 편향, 즉 w_1, w_2, b를 조정하고요. 최종적으로 w_1, w_2, b가 숫자로 결정되어 고정된 하나의 인공신경세포를 만들 거예요. 그러면 이제 이 모델에 x_1에 0 또는 1을 입력하고, x_2에도 0 또는 1을 입력해봐요.

인공지능이 0 또는 1의 값을 출력하려면?

먼저 x_1과 x_2가 모두 0일 때를 살펴볼게요. $x_1 = 0$, $x_2 = 0$을 입력하여 $x_1 \& x_2 = 0$을 출력하기 위해서는 $x_1 = 0$, $x_2 = 0$일 때, $\sigma(0, 0) = 0$이어야 하고, 이를 만족하도록 하는 w_1, w_2, b를 찾을 거예요. 함수 $\sigma(x_1, x_2)$에 대하여 $x_1 = 0$, $x_2 = 0$를 입력하면 다음과 같습니다.

$$w_1x_1 + w_2x_2 + b = w_1 \times 0 + w_2 \times 0 + b = b$$

결국 b값이 0보다 작아야 $\sigma(x_1, x_2)$의 값을 0으로 출력할 수 있다는 뜻이죠. 즉 $b < 0$이어야 합니다.

다음으로 x_1는 0이고, x_2가 1일 때를 살펴볼게요. $x_1 = 0$, $x_2 = 1$일 때도 $\sigma(0, 1) = 0$이어야 하니까 이를 만족하도록 하는 w_1, w_2, b를 찾을 거예요. 함수 $\sigma(x_1, x_2)$에 대하여 $x_1 = 0$, $x_2 = 1$를 각각 입력하면 다음과 같습니다.

$$w_1x_1 + w_2x_2 + b = w_1 \times 0 + w_2 \times 1 + b = w_2 + b$$

즉 $w_2 + b$의 값이 0보다 작아야 $\sigma(x_1, x_2)$의 값을 0으로 출력할 수 있으므로 $w_2 + b < 0$이에요.

앞선 과정을 나머지 경우, 즉 $x_1 = 1, x_2 = 0$일 때와 $x_1 = 1, x_2 = 1$일 때도 똑같이 적용하면 됩니다. 그러면 다음의 표와 같이 정리할 수 있어요. 여기에서 인공신경세포에 의해 계산된 결과를 보고 최종적으로 인공지능이 0 혹은 1로 답을 출력하기 위한 식을 생각할 수 있어요.

AND를 판단하는 인공신경세포 계산 및 결과

입력		학습 $\sigma(x_1, x_2) = \begin{cases} 0 & (w_1x_1 + w_2x_2 + b < 0) \\ 1 & (w_1x_1 + w_2x_2 + b \geq 0) \end{cases}$		출력(목표)
치킨(x_1)	피자(x_2)	인공신경세포 계산 및 결과		$\sigma(x_1, x_2)$ 치킨과 피자 (x_1 & x_2)
		$w_1x_1 + w_2x_2 + b$ 계산	계산 결과	
0	0	$w_1 \times 0 + w_2 \times 0 + b =$	b	0
0	1	$w_1 \times 0 + w_2 \times 1 + b =$	$w_2 + b$	0
1	0	$w_1 \times 1 + w_2 \times 0 + b =$	$w_1 + b$	0
1	1	$w_1 \times 1 + w_2 \times 1 + b =$	$w_1 + w_2 + b$	1

모든 조건을 만족시키는 가중치와 편향을 구하면?

이제 모든 조건을 만족시키는 가중치와 편향을 구해봅시다. 출력목표인 0이 나오려면 계산 결과는 0보다 작아야 하고요. 출력목표인 1이 나오려면 계산 결과는 0보다 커야 합니다. 따라서 다음의 경우를 모두 만족하는 가중치와 편향, 즉 w_1, w_2, b를 결정해야 해요.

$$b < 0$$
$$w_2 + b < 0$$
$$w_1 + b < 0$$
$$w_1 + w_2 + b \geq 0$$

먼저 $b < 0$의 값을 만족하도록 b를 임의로 결정해봐요. 예를 들어 $b = -0.5$라고 결정하면, 첫 번째 식은 만족하죠? 근데 왜 하필 -0.5로 했는지 궁금하신가요? 다른 값으로 해보셔도 괜찮아요. $b < 0$을 만족한다면 b는 어떤 값이든 모두 가능하니까요.

그럼 계속 $b = -0.5$라고 하고, 두 번째 식 $w_2 + b < 0$도 만족하도록 임의로 w_2을 결정하면 $w_2 = 0.4$이면 되겠네요. 물론 여기서도 w_2가 반드시 0.4일 필요는 없어요. 0.3이든 0.2든 조건 $w_2 + b < 0$을 만족한다면 어떤 w_2도 모두 가능해요. 마찬가지로 세 번째 식 $w_1 + b < 0$을 만족하려면 역시 $w_1 = 0.4$이면 되겠죠. 자, 이제 이 값들을 사용했을 때, 마지막 식을 만족하는지 확인해봅시다. 즉 $w_1 = 0.4$, $w_2 = 0.4$, $b = -0.5$이 $w_1 + w_2 + b \geq 0$을 만족하는지 확인하는 거예요. 네, 0.3은 0보다 크니까 만족하죠. 이렇게 우리는 가중치와 편향, 즉 w_1, w_2, b을 각각 0.4, 0.4, -0.5로 결정했어요. 혹시 임의로 결정한 값이 만족하지 않았다면 다시 w_1, w_2, b의 값을 조정해 나가면 되는 거예요.

우리가 만든 인공신경세포를 정리해보면?

이렇게 무수한 수학적 계산을 통해 모두 만족하는 값을 찾아 나가는 것이 바로 인공지능의 학습 과정입니다. 자, 우리가 만든 인공신경세포 하나를 정리해보면 다음과 같아요.

우리가 결정한 가중치와 편향을 넣어 AND를 판단하는 인공신경세포 계산과 결과

입력		학습 $\sigma(x_1, x_2) = \begin{cases} 0 \ (0.4x_1+0.4x_2-0.5 < 0) \\ 1 \ (0.4x_1+0.4x_2-0.5 \geq 0) \end{cases}$		출력(목표)
치킨(x_1)	피자(x_2)	인공신경세포 계산 및 결과		$\sigma(x_1, x_2)$ 치킨과 피자 (x_1 & x_2)
		$0.4x_1+0.4x_2-0.5$ 계산	계산 결과	
0	0	$0.4 \times 0 + 0.4 \times 0 - 0.5 =$	$-0.5 < 0$	0
0	1	$0.4 \times 0 + 0.4 \times 1 - 0.5 =$	$-0.1 < 0$	0
1	0	$0.4 \times 1 + 0.4 \times 0 - 0.5 =$	$-0.1 < 0$	0
1	1	$0.4 \times 1 + 0.4 \times 1 - 0.5 =$	$0.3 \geq 0$	1

정리한 내용을 다시 시각적으로 표현하면 오른쪽 그림과(155쪽 참조) 같습니다. 이것이 우리가 처음으로 만들어본 인공지능, 인공신경세포 하나예요. 그런데 우리가 만든 이 모형은 실제 인공지능 관련 연구 논문에서 자주 볼 수 있는 그림[7]이기도 하답니다.

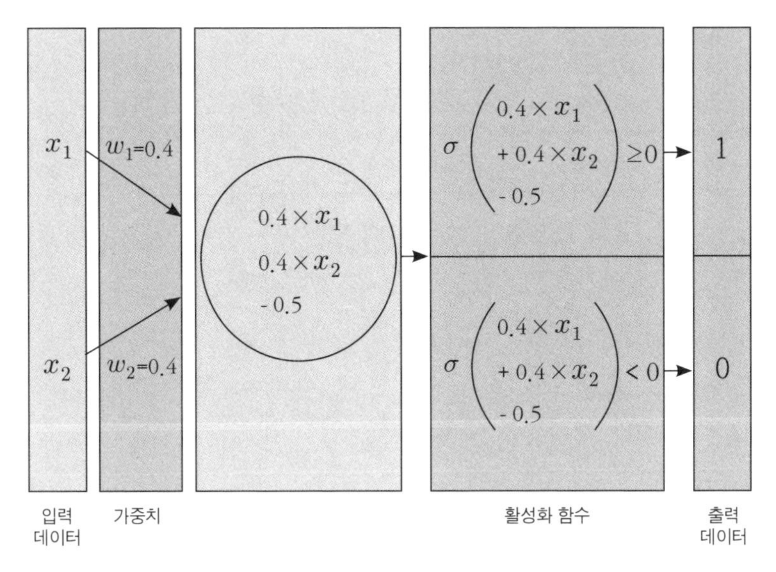

AND를 판단하는 인공지능 모델

앞서 우리가 임의로 설정한 가중치와 편향을 바탕으로 "치킨과 피자를 모두 먹었다"는 문장이 거짓말인지 진실인지 파악하는 인공지능 모델를 만들어 정리하면 이와 같습니다.

자, 어떤가요? 의외로 간단하다고 생각한 분도 있을 것이고, 읽다가 설명이 잘 이해되지 않아 머릿속이 복잡해진 분도 있었을지 모릅니다. 하지만 하나는 분명히 깨달았을 거예요. 그건 바로 인공지능의 의사결정, 즉 논리적 판단의 근거는 결국 수와 식으로 되어 있다는 거죠. 인공지능 시대를 살아갈 여러분이니 수학 공부를 열심히 해야 할 뚜렷한 이유가 하나 더 생긴 것 같지 않나요?

---

7. Jiang, J., Chen, M., & Fan, J. A. (2021). Deep neural networks for the evaluation and design of photonic devices. *Nature Reviews Materials*, 6(8), 681.

• 연습문제 •

치킨 또는 피자를 먹었는지 판단하는 인공신경세포를 만들어보자!

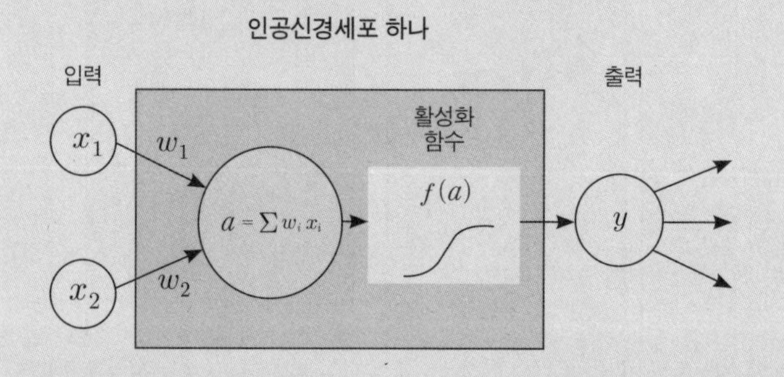

조금 전 우리는 AND를 판단할 수 있는 인공신경세포를 만들었어요. 그럼 여러분이 직접 OR를 판단할 수 있는 인공신경세포 하나를 만들어 보면 어떨까요? 예컨대 "피자 혹은 치킨을 먹었다"는 문장이 거짓말인지 알 수 있는 인공지능요. 결국, 인공지능은 함수를 만드는 것이고, 함수를 만드는 것은 가중치 w_1, w_2와 편향 b를 결정하는 것이니, 우리는 w_1, w_2, b를 찾으면 됩니다. 그럼 힌트를 아래 표로 드릴 테니 여러분만의 인공신경세포를 하나 만들어보세요. 참참참! 정답은 하나만 있는 것은 아니니까, 앞선 설명을 복기해보며 자신 있게 도전해보세요!

입력		학습 $\sigma(x_1, x_2) = \begin{cases} 0 & (w_1x_1 + w_2x_2 + b < 0) \\ 1 & (w_1x_1 + w_2x_2 + b \geq 0) \end{cases}$		출력(목표)
치킨 (x_1)	피자 (x_2)	인공신경세포 계산 및 결과		$\sigma(x_1, x_2)$ 치킨 또는 피자 $(x_1$ OR $x_2)$
		$w_1x_1 + w_2x_2 + b$ 계산	계산 결과	
0	0	$w_1 \times 0 + w_2 \times 0 + b =$	b	0
0	1	$w_1 \times 0 + w_2 \times 1 + b =$	$w_2 + b$	1
1	0	$w_1 \times 1 + w_2 \times 0 + b =$	$w_1 + b$	1
1	1	$w_1 \times 1 + w_2 \times 1 + b =$	$w_1 + w_2 + b$	1

05 XOR 문제와 다층퍼셉트론

01001101010010010011100111000100110101001001001110011100010011010101001101010010010110101001001

뇌세포는 단독으로 의사결정하지 않지!

조금 전 우리는 함께 수학을 활용하여 아주 단순한 형태이기는 하지만, 사람처럼 생각하는 인공신경세포 하나를 만들어보았어요. 그렇게 만든 인공신경세포에게 AND, OR 연산을 하게도 해보았죠. 어떤가요? 막상 직접 해보니 생각보다 인공신경세포 만들기가 어렵지 않죠? 그래서인지 몰라도 인공지능 학자들은 인공신경세포를 만들어낸 당시에 큰 꿈에 부풀었습니다. 드디어 사람처럼 생각할 수 있는 엄청난 컴퓨터를 만들어낼 날도 머지않았다며 쾌재를 불렀죠. 마치 신이라도 된 것처럼 으쓱한 것입니다. 그래서 인공신경세포가 논리적으로 다양하게 활용되는지 계속 확인해보았어요. 그러다가 곧 난관에 봉착하게 됩니다. 즉 인공지능이 해결할 수 없는 문제를 만나게 된 것이에요. 그것이 바로 인공지능에서 말하는 **XOR 문제**입니다.

{인공신경세포 하나로는 풀 수 없는 문제를 만나다}

논리 연산자의 종류에는 AND, OR, NOT, NAND 등이 있다고 했죠? 그런데 XOR도 논리 연산자예요. XOR는 x_1과 x_2의 값이 같으면 거짓, 다르면 참인 연산이죠. 어떤 경우인지 구체적인 예를 들어봅시다. 치킨과 피자를 배달시켰는데, 나와 동생이 서로 자신이 치킨(또는 피자를)을 먹겠다고 다투는 상황을 생각해볼까요? 서로 싸우는 모습을 보다 못한 부모님이 이렇게 말씀하신 거예요.

"너희 둘 다 같은 것을 먹겠다고 계속 싸우면 아무것도 먹을 수 없어. 하지만 각자 사이좋게 다른 것을 먹고 싶어하면 둘 다 내줄게."

즉 서로 같은 것을 먹겠다며 싸우지 말고, 각자 다른 것을 먹고 싶다고 해야 치킨과 피자 둘 다 주시겠다는 그런 상황을 가정해볼 수 있어요. 사람이라면 이런 상황을 자연스럽게 판단하고 논리적으로 생각할 수 있죠. 그래서 인공지능도 그것을 판단하는 게 가능한지 체크한 것입니다. 이를 정리하면 아래의 표와 같아요.

입력		→ (이면)	출력(목표)
치킨(x_1)	피자(x_2)		치킨 XOR 피자 (x_1 XOR x_2)
0	0		0
0	1		1
1	0		1
1	1		0

{ 이상하네…
값을 구할 수가 없어… } 얼핏 매우 간단한 문제 같은데, 마치 머리에 망치를 얻어맞은 듯 충격을 받게 됩니다. 왜냐하면 이 조건들을 모두 만족하는 가중치와 편향, 즉 w_1, w_2, b는 수학적으로 존재할 수 없으니까요. 왜냐하면 모순되기 때문이죠. 왜 모순이냐고요? 자, 앞서 우리가 만들었던 AND 문제를 해결하는 인공신경세포를 떠올려 차근차근 정리해보면 다음과 같습니다.

XOR 문제를 해결할 수 없는 인공신경세포 계산 및 결과

입력		학습 $\sigma(x_1, x_2) = \begin{cases} 0 & (w_1x_1 + w_2x_2 + b < 0) \\ 1 & (w_1x_1 + w_2x_2 + b \geq 0) \end{cases}$		출력(목표)
치킨(x_1)	피자(x_2)	인공신경세포 계산 및 결과		$\sigma(x_1, x_2)$ (x_1 xor x_2)
		$w_1x_1 + w_2x_2 + b$ 계산	계산 결과	
0	0	$w_1 \times 0 + w_2 \times 0 + b =$	b	0
0	1	$w_1 \times 0 + w_2 \times 1 + b =$	$w_2 + b$	1
1	0	$w_1 \times 1 + w_2 \times 0 + b =$	$w_1 + b$	1
1	1	$w_1 \times 1 + w_2 \times 1 + b =$	$w_1 + w_2 + b$	0

그럼 XOR을 만족하려면 다음의 조건을 모두 만족해야 하겠죠?

$$b < 0$$

$$w_2 + b \geq 0$$

$$w_1 + b \geq 0$$

$$w_1 + w_2 + b < 0$$

하지만 모두를 만족시킬 수 있는 값은 존재할 수 없어요. 왜 그런지 살펴볼까요? 두 번째 식과 세 번째 식은 각각 0보다 크거나 같으니까 두 식을 더하면 $w_1 + w_2 + 2b \geq 0$을 만족해요. 여기에 첫 번째 식에 양변에 $-$를 곱하면 $b < 0$이니까 $-b > 0$이에요. 그리고 이를 다시 더하면 $w_1 + w_2 + b \geq 0$을 만족하니까 네 번째 식과 모순되는 거예요. 결국, 이를 만족하는 w_1, w_2, b는 없는 것이 증명되었어요. 그렇기 때문에 이런 방법으로는 XOR 문제에 답할 수 있는 인공신경세포를 만들 수 없었죠.

난관에 부딪힌 건 맞지만, 우리의 인공지능 학자들과 수학자들은 포기하지 않았어요. 결국 이 문제를 멋지게 해결하였죠. 그것이 바로 오늘날 딥러닝의 기본이 되는 **다층퍼셉트론**이에요. 이것에 대해서는 바로 이어서 함께 알아보기로 해요.

{그래, 세포를 여러 개 만들어보자!}

방금 우리는 왜 인공신경세포로 'XOR' 문제를 해결할 수 없는지 살펴보았습니다. 인간처럼 생각하는 기계를 창조해낼 날이 머지않았다는 부푼 기대도 잠시, 인공지능 학자들은 당황할 수밖에 없었죠. 이들은 과연 이 문제를 어떻게 해결했을까요?

인공지능 학자들의 해결책은 다시 한번 지능이 있는 사람을 관찰하는 것이었어요. 앞서 소개한 인공신경세포를 통해 알 수 있는 것처럼 이전까지의 연구는 개별 세포, 즉 뇌신경 하나(뉴런)에만 집중되었죠. 하지만 막상 인간의 뇌 구조를 다시 살펴보니 뇌신경은 각기 독립적으로 구성된 것이 아니었어요. 다시 한번 인공지능에게 사람의 신경망을 그려 달라고 했어요. 아래의 그림이 인공지능이 그려준 거예요. 얼핏 봐도 아주 복잡한 신경망으로 연결되어 있죠. 학자들 또한 바로 이 점에 착안했어요.

> "인공신경세포 하나로는 XOR 문제를 해결할 수 없지만, 세포들이 서로 연결된다면 해결할 수 있지 않을까?"

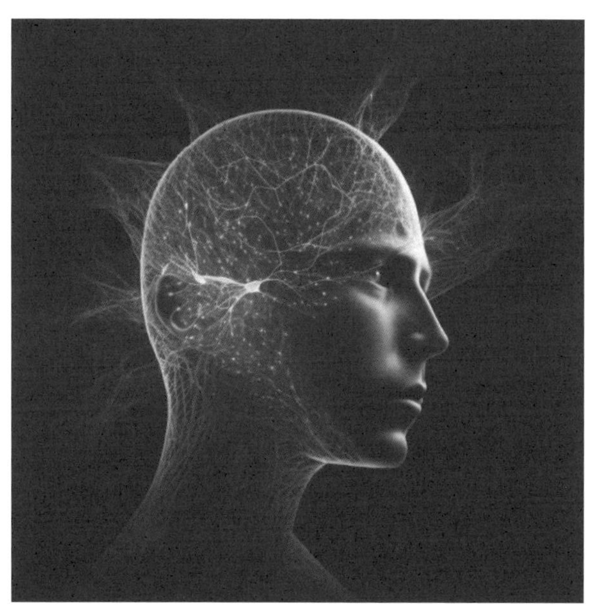

인공지능이 그린 사람의 신경망

그림처럼 인간의 신경망은 매우 복잡한 연결을 이루고 있습니다. 즉 하나의 뇌세포가 아니라 뇌세포 간 긴밀한 상호작용 속에서 다양한 의사결정이 이루어지는거죠.

이러한 생각을 바탕으로 인공신경세포 3개를 이용했더니 비로소 'XOR' 문제를 해결할 수 있었어요. 즉 첫 번째 인공신경세포는 NAND 연산을 하는 인공신경세포 $NAND(x_1, x_2)$, 두 번째 인공신경세포는 OR 연산을 하는 인공신경세포 $OR(x_1, x_2)$라 해요. 그리고 첫 번째 인공신경세포 $NAND(x_1, x_2)$의 결과를 y_1이라 하고, 두 번째 인공신경세포 $OR(x_1, x_2)$의 결과를 y_2라 할 때, 세 번째 인공신경세포는 y_1과 y_2로 AND 연산을 하는 인공신경 세포 AND(y_1, y_2)라고 두는 거예요. 이렇게 인공신경세포가 3개라면 XOR 문제를 해결할 수 있어요.[8]

XOR 문제를 해결하는 다층퍼셉트론 계산 및 결과

입력		인공신경세포 계산 및 결과			출력(목표)
치킨(x_1)	피자(x_2)	$y_1 =$ $NAND(x_1, x_2)$	$y_2 =$ $OR(x_1, x_2)$	$y =$ $AND(y_1, y_2)$	$\sigma(x_1, x_2)$ (x_1 xor x_2)
0	0	1	0	0	0
0	1	1	1	1	1
1	0	1	1	1	1
1	1	0	1	0	0

8. 4장의 06 행렬의 쓸모에서 이 문제를 좀 더 자세히 살펴보려고 합니다.

이를 도식화하면 다음처럼 나타낼 수 있죠.

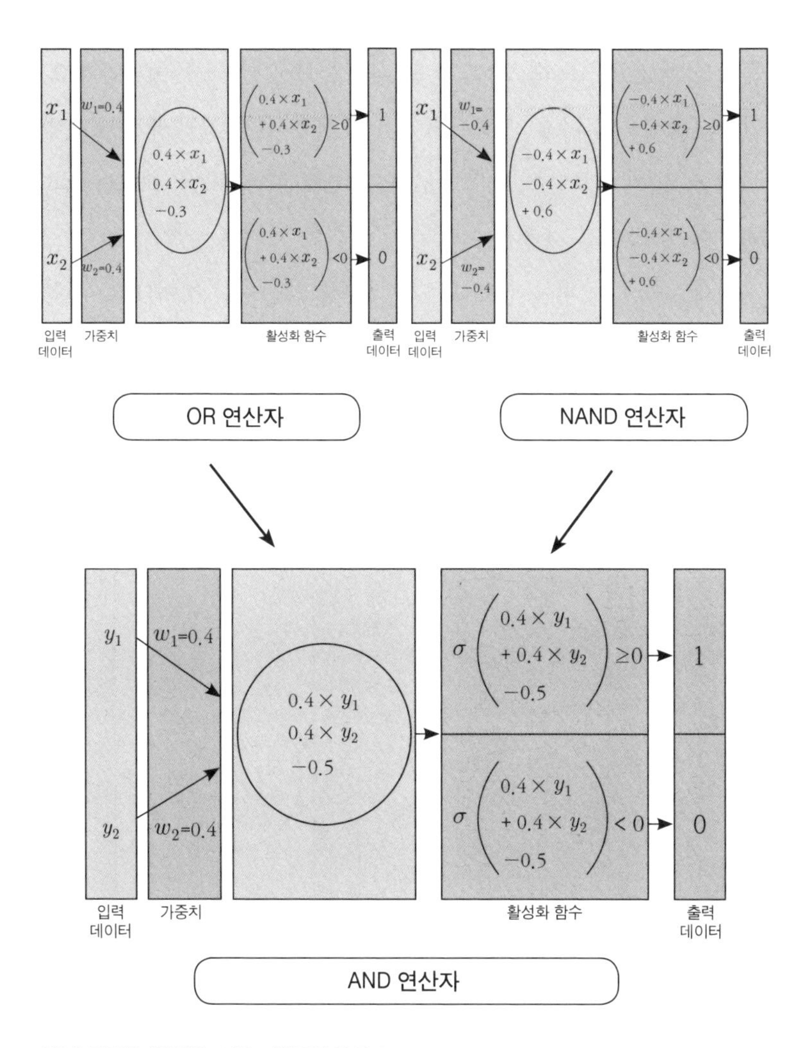

XOR 문제를 해결하는 다층 퍼셉트론의 구조

NAND 연산자 인공신경세포, OR 연산자 인공신경세포, AND 연산자 인공신경세포를 연결해서 XOR 문제를 해결합니다.

{ 다층퍼셉트론의 구조를 파헤쳐보자! } 인공신경세포 1개가 아닌 여러 개의 인공신경세포를 연결함으로써 XOR 문제를 해결했다고 했죠? 그럼 그 과정을 조금만 더 들여다볼게요. 인공신경세포 하나를 퍼셉트론이라고 했습니다. 그래서 인공신경세포 여러 개가 모여있는 것은 **다층퍼셉트론**(Multilayer perceptron, MLP)이라고 해요. 다층은 여러 층이 있다는 의미죠.

아래 그림을 살펴볼까요? 163쪽 그림을 단순화한 것이에요. 왼쪽에서부터 첫 번째 층에는 NAND 연산자와 OR 연산자가 있고, 다음 층에는 AND 연산자가 있어요. 제일 왼쪽의 x_1과 x_2는 같으니까 동시에 표현하려고 하나로 합쳤어요. 그리고 b의 값도 1에 가중치를 곱한 값으로 생각하면 다음과 같이 나타낼 수 있겠죠.

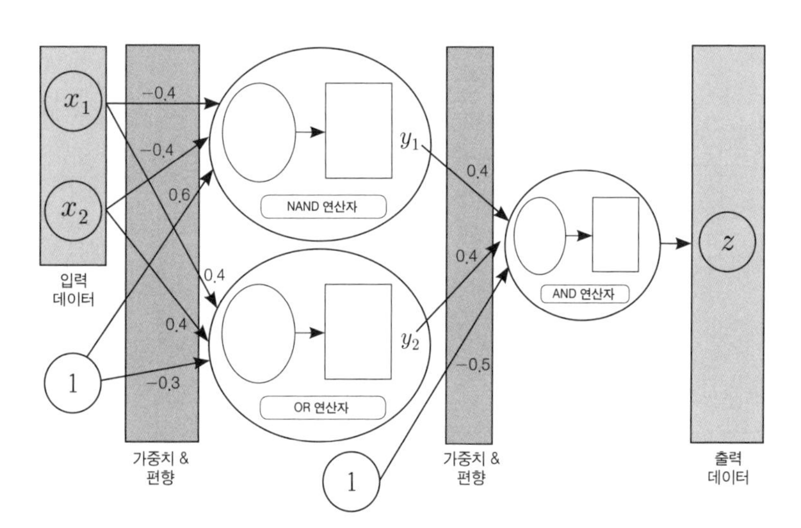

다층퍼셉트론의 얼개

그림에서 동그라미 하나하나를 각각의 인공신경세포라고 할 수 있습니다.

이제 이것을 더 간단히 나타내면 아래의 그림처럼 나타낼 수 있을 거예요. 이 그림에 대한 설명은 166쪽에서 이어가 볼게요.

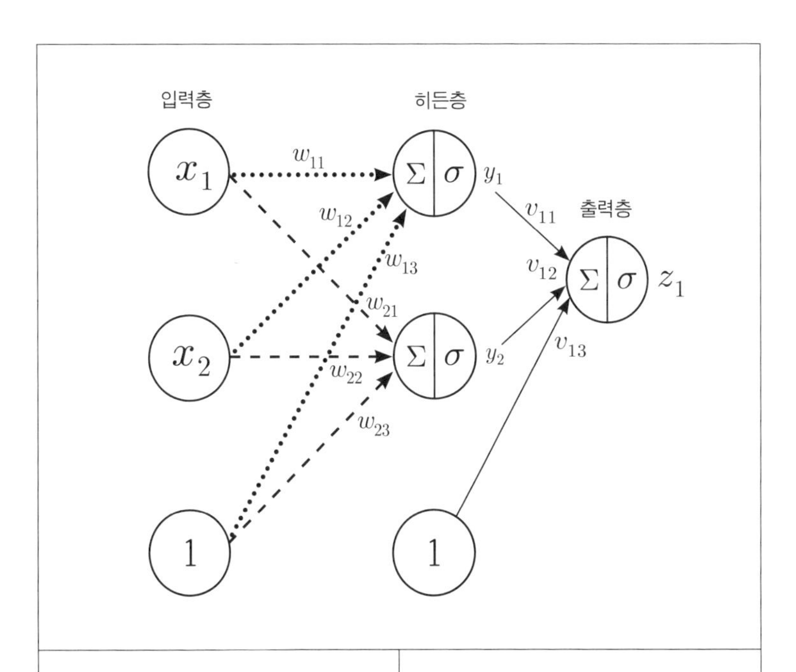

활성화 함수를 $\sigma(x)$라 하면 입력층에서 히든층의 첫 번째 인공신경세포로 가는 •••••• 모양 연결선과 인공신경세포는 다음의 식으로 정리할 수 있어요. $\sigma(w_{11} \times x_1 + w_{12} \times x_2 + w_{13} \times 1) = y_1$ 한편 히든층의 두 번째 인공신경세포로 가는 ---- 모양 연결선과 인공신경세포는 다음의 식으로 간단히 할 수 있어요. $\sigma(w_{21} \times x_1 + w_{22} \times x_2 + w_{23} \times 1) = y_2$	한편 히든층의 두 인공신경세포에서 출력층의 세포로 가는 검은색 실선모양 연결선과 인공신경세포는 다음의 식으로 간단히 할 수 있어요. $\sigma(v_{11} \times y_1 + v_{12} \times y_2 + v_{13} \times 1) = z_1$

165쪽 그림에서 처음에 x_1, x_2, 1가 있는 층은 인공지능에 입력되는 데이터이므로 **입력층**(input layer)이라고 합니다. 그리고 마지막 출력하는 값 z가 있는 층은 **출력층**(output layer)이라고 하죠. 그리고 입력층과 출력층 사이에 인공지능의 작동과정이 일어나는 층이 있습니다. 비록 눈으로 볼 순 없지만 존재하는 층이라서 **히든층**(hidden layer), 즉 숨겨진 층이라고 해요. 그리고 그림에서 표현한 것처럼 히든층의 동그라미 하나하나를 개별 인공신경세포라고 생각할 수 있습니다. 이렇게 인공신경세포들이 서로 연결되어 함께 판단함으로써 모순을 극복하고 문제를 해결하게 된 거죠. 마치 우리 인간처럼 말입니다. 오른쪽의 그림(167쪽 참조)을 한번 봐주세요. 혹시 앞으로 여러분이 딥러닝(인공신경망)을 공부하게 된다면 아마 이런 그림을 자주 접하게 될 거예요. 아직은 그림의 의미를 정확하게 이해할 순 없겠지만, 최소한 우리 인간의 사고 과정을 모방하려는 수학적 시도라는 점은 충분히 이해하게 되었을 것입니다. 그림에서 히든층의 동그라미들은 각각의 신경세포를 의미해요. 실제 인공지능은 167쪽의 왼쪽 그림처럼 히든층이 1개로 구성되기보다는 오른쪽 그림처럼 여러 층으로 구성되어 있죠.

정리하면 우리 인간의 뇌 속에 수많은 신경세포가 모여서 복잡한 신경세포망을 형성하는 것처럼, 인공신경세포인 퍼셉트론도 여러 층 쌓여 다층퍼셉트론을 이룹니다. 여러 개의 인공신경세포들이 서로 연결되어 신경망을 형성하고 있어서 이를 인공신경망이라고 이름을 붙였어요. 이런 방식이 바로 오늘날의 딥러닝입니다. 딥러닝

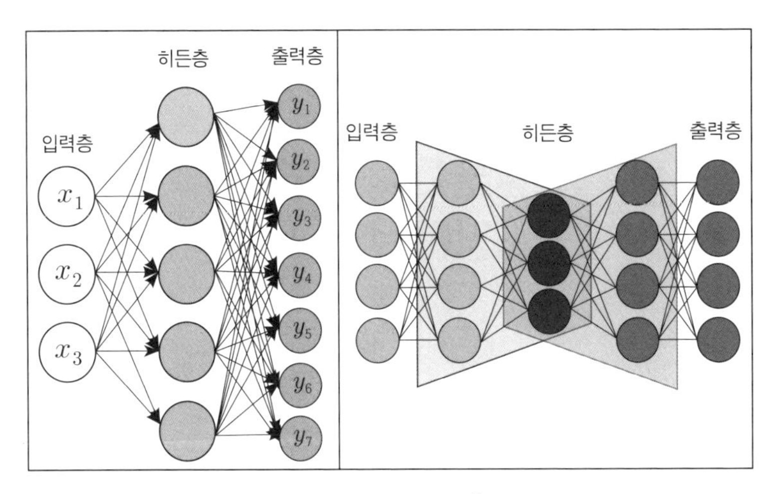

인공지능의 인공신경망을 이루는 입력층과 히든층, 출력층[9]

딥러닝을 공부하게 되면 자주 접하게 되는 그림입니다. 히든층에 있는 동그라미들이 인공신경세포이고, 실제 인공지능은 오른쪽 그림처럼 히든층이 여러 층으로 이루어져 있습니다.

의 탄생과 함께 인공지능의 두 번째 겨울이 끝나게 된 거죠.

인공신경세포 하나로는 해결할 수 없던 XOR 문제를 인공신경망을 통해 해결할 수 있게 되었고, 이것이 인공지능 연구의 패러다임을 바꾸게 된 것입니다. 인공신경망 개념이 도입되면서 인공지능의 성능은 비약적으로 발전하게 되니까요. 그런데 생각해보면 결국 이러한 발전도 사람의 뇌를 면밀히 관찰하고 뇌의 의사결정 과정을 최대한 모방한 결과입니다. 그만큼 우리 인간은 알면 알수록 더욱 신비롭고 위대한 존재라는 것을 잊지 않았으면 해요.

9. 인공지능의 인공신경망을 이루는 입력층과 히든층, 출력층 Jiang, J., Chen, M., & Fan, J. A. (2021). Deep neural networks for the evaluation and design of photonic devices. *Nature Reviews Materials*, 6(8), 685쪽, 689쪽

0100110101001001001110011100010011010100100100111001110001001101010100110101001001011010100100 1

행렬을 다시 보면 딥러닝이 보인다!

2장에서 비정형 데이터인 이미지를 수학적으로 표현해보았던 것을 혹시 기억하고 있나요? 네, 다양한 이미지를 행렬로 표현할 수 있다고 얘기했습니다. 바로 이 **행렬**이 2022 개정교육과정(2022년 12월 확정)부터 고등학교 1학년 수학에 다시 추가되었습니다. 이에 따라 2025년 고등학교 1학년 학생부터는 '행렬'을 필수적으로 학습하게 됩니다.

2007 개정교육과정까지만 해도 행렬은 고등학교 2학년 학생들이 학습하는 '수학 I'에 포함되어 있었으며, 대학수학능력시험에도 출제되었습니다. 하지만 학생들의 학습 부담 경감 차원에서 2009 개정교육과정 보통교과에서 그 내용이 삭제되었고, 전문교과 '고급수학 I'에 편성되었죠. 따라서 한동안 행렬은 과학고등학교 등 일부 특수목적고등학교의 학생들만 학습해왔어요.

인공지능 시대에 다시 주목받는 쓸모 있는 수학

2009개정 교육과정은 2014년 고등학교 1학년 학생부터 적용되었으므로 행렬은 11년 만에 고등학생들이 필수적으로 학습해야 하는 내용으로 변경된 셈입니다. 사실 이러한 조치는 오늘날 인공지능의 발전과도 무관하지 않습니다. 행렬은 인공지능 연구에서 빼놓을 수 없는 중요한 수학 분야이기 때문이죠. 이러한 이유는 고등학교 수학과 교육과정 재구조화 연구[10]에서도 잘 드러나 있어요.

> "최근 4차 산업혁명으로 인공지능 역량에 대한 사회적 요구가 커짐에 따라 행렬이 진로 선택 신설과목 〈인공지능 수학〉에 다시 편성되기도 하였다. 많은 전문가들이 행렬은 지능 정보기술의 핵심적인 개념이며, 그 자체가 수학적으로도 의미 있는 내용이므로 보통교과 내로 재편성해야 한다는 의견을 제시하였다. 대학교수들은 대학교육과의 연계성 측면에서 행렬을 추가해야 한다는 의견을 제시하였다. 국민 의견조사에서도 학생, 학부모의 70% 이상, 수학 교사의 80% 이상이 미래형 수학교육에서 지능정보기술(인공지능, 데이터 과학)의 핵심이 되는 수학 내용을 다루어야 한다고 응답하였다(김화경 외, 2021, p.305)."

위의 연구보고서 내용에서 알 수 있듯이 행렬은 지능 정보기술의 핵심적인 개념이에요. 챗지피티에게 행렬이 인공지능에서 어떻게

10. 김화경, 송창근, 이화영, 임해미, 정종식, 최인용, & 이경화. (2021). 〈고교학점제 도입에 따른 고등학교 수학과 교육과정 1차 재구조화〉, 《학교수학》, 23(2), 291-315.

활용되는지 확인해보았어요. 다음은 이 질문에 대한 챗지피티의 답변입니다.

> 행렬은 이미지나 텍스트 문서와 같은 데이터를 간결하고 효율적으로 표현하기 위해 인공지능에서 사용돼요. 예를 들어, 이미지는 행렬의 각 요소가 이미지 내 픽셀의 명도에 대응하는 행렬로 표현될 수 있습니다. 이 표현을 통해 인공지능은 이미지 데이터를 신속하게 처리하고 분석할 수 있습니다.
> 한편 자연어처리에서 행렬은 문서에서 단어의 빈도를 나타내는 데 사용될 수 있어요. 문서의 내용을 분석하고 문서의 주요 주제를 식별하는 데 사용되어요.
> 또한 머신러닝에서 행렬은 일반적으로 데이터 세트의 특징과 모델의 가중치를 나타내는 데 사용돼요. 예를 들어, 인공지능이 분류할 때 행렬의 '행'은 서로 다른 데이터를 나타내고, '열'은 각 데이터의 특성을 나타낼 수 있습니다. 모델의 가중치를 행렬로도 표현할 수 있으며 새로운 데이터를 예측하는 데 활용될 수 있습니다.
> 이처럼 전반적으로 행렬은 인공지능과 머신러닝에서 데이터를 표현하고 처리하는 데 유용한 도구예요.

일단 행렬이 인공지능에서 매우 중요한 역할을 한다는 것은 짐작할 수 있죠? 그럼 구체적으로 어떤 쓸모가 있는지를 본격적으로 살펴보기로 해요.

인공신경망에서 유용한 행렬의 곱셈

지금부터 행렬에 대해서 차근차근 살펴봅시다. 이미 행렬을 배운 학생도 있겠지만, 아직 배우지 않은 학생도 많다는 점을 고려하여 최대한 쉽고 일반적인 수준에서 설명해볼게요.

A와 B 두 학급이 있다고 합시다. A학급의 학생 수는 20명이고, B학급은 15명이에요. 어느 날 두 학급에서 햄버거와 핫도그 중 하나를 골라 간식으로 먹기로 하고, 각각의 메뉴에 대해 희망하는 학생을 조사해보니 결과는 다음 표와 같았어요.

A와 B 두 학급의 선호 메뉴 조사 결과

	햄버거	핫도그
A 학급	5명	15명
B 학급	8명	7명

메뉴 조사 결과 표에서 숫자들만 뽑아 괄호로 묶으면 다음과 같이 나타낼 수 있어요.

$$\begin{pmatrix} 5 & 15 \\ 8 & 7 \end{pmatrix}$$

이처럼 숫자 또는 문자를 직사각형 모양으로 배열하여 괄호로 묶은 것을 **행렬**이라고 해요. 하지만 행렬은 이렇게 괄호로 묶어놓기만 하고 끝나는 것이 아니에요. 개별 숫자와 마찬가지로 더하고, 빼고,

곱할 수 있어요.[11] 특히 행렬의 곱셈은 인공신경망에서 유용하게 활용됩니다. 여기서는 개념 이해가 목적이므로 간단한 사례로 행렬의 곱셈에 대해서 차근차근 탐구해보려고 합니다.

{필요한 간식값은 얼마일까?}

자, 조금 전 간식 메뉴 조사 결과를 다시 살펴볼게요. 조사가 끝났으니 이제 간식을 사서 먹어야 합니다. 그런데 햄버거의 가격은 3,000원이고, 핫도그의 가격은 2,000원입니다. 이때 A 학급에서 준비해야 할 비용과 B 학급에서 준비할 비용은 얼마인가요? 여러분이라면 어떻게 계산하겠습니까? A 학급에서 햄버거를 선택한 학생은 5명이고, 핫도그를 선택한 학생은 15명이니까 다음과 같겠죠?

$$5 \times 3{,}000 + 15 \times 2{,}000 = 45{,}000$$

네, 45,000원이에요. 한편 B 학급에서 햄버거를 선택한 학생은 8명이고, 핫도그를 선택한 학생은 7명이니까 다음과 같습니다.

$$8 \times 3{,}000 + 7 \times 2{,}000 = 38{,}000$$

11. 다만 행렬의 곱셈이 가능하려면 조건이 있습니다. 서로 곱하는 두 행렬을 각각 A와 B라고 할 때 A의 열의 수와 B의 행의 수가 같아야 합니다.

B학급은 38,000원이에요. A반과 B반의 수식만 다시 나란히 정리해 보면 다음과 같아요.

$$5 \times 3{,}000 + 15 \times 2{,}000 = 45{,}000$$

$$8 \times 3{,}000 + 7 \times 2{,}000 = 38{,}000$$

그런데 행렬을 이용하면 이 식을 훨씬 더 간단하게 나타낼 수 있어요. 우선 학급별 간식을 희망하는 사람을 행렬로 나타내면 앞서도 소개한 것처럼 다음과 같죠?

$$\begin{pmatrix} 5 & 15 \\ 8 & 7 \end{pmatrix}$$

그럼 햄버거와 핫도그 각각의 가격을 행렬로 나타내면 다음과 같아요(이때, 간식의 가격은 세로로 나타내었어요).

$$\begin{pmatrix} 3{,}000 \\ 2{,}000 \end{pmatrix}$$

또 학급별 지불해야할 총금액도 행렬로 나타날 수 있어요.

$$\begin{pmatrix} 45{,}000 \\ 38{,}000 \end{pmatrix}$$

사람과 가격을 곱해서 금액을 구한 것처럼요. 사람을 나타내는 행렬과 간식을 나타내는 행렬을 곱해요.

$$\begin{pmatrix} 5 & 15 \\ 8 & 7 \end{pmatrix} \times \begin{pmatrix} 3{,}000 \\ 2{,}000 \end{pmatrix} = \begin{pmatrix} 45{,}000 \\ 38{,}000 \end{pmatrix}$$

행렬을 곱할 때는 다음과 같이 약속해요. 즉 첫 번째 행렬 중 위의 줄에 있는 숫자와 두 번째 행렬의 세로줄에 있는 숫자를 각각 곱해서 더해요. 그리고 그 결과를 윗줄에 적어요. 마찬가지로 첫 번째 행렬에서 아랫줄에 있는 숫자와 두 번째 행렬의 세로줄에 있는 숫자를 각각 곱해서 더해요. 그 결과를 아랫줄에 적어요. 아래 그림처럼요.

$$\begin{pmatrix} 5 & 15 \\ 8 & 7 \end{pmatrix} \times \begin{pmatrix} 3{,}000 \\ 2{,}000 \end{pmatrix} = \begin{pmatrix} 5 \times 3{,}000 + 15 \times 2{,}000 = 45{,}000 \\ 8 \times 3{,}000 + 7 \times 3{,}000 = 38{,}000 \end{pmatrix}$$

간략하게 결과를 정리하면 다음과 같아요

$$\begin{pmatrix} 5 & 15 \\ 8 & 7 \end{pmatrix} \times \begin{pmatrix} 3{,}000 \\ 2{,}000 \end{pmatrix} = \begin{pmatrix} 45{,}000 \\ 38{,}000 \end{pmatrix}$$

복잡한 상황을 간결하게 정리하는 행렬의 마법

여기까지 행렬의 곱셈에 관한 설명을 읽고 나면 갑자기 머리가 아파지면서 분명 속으로 이렇게 투덜거리는 사람도 있을 거예요.

'뭐야, 간단하게 만들어준다더니 오히려 복잡하기만 한걸…'

하지만 행렬의 곱셈은 데이터가 늘어날수록 빛을 발합니다. 지금이야 학급 수가 겨우 2반이라서 굳이 행렬로 정리하는 게 더 번거롭게 보일 수도 있지만, 학급 수가 늘어나면 행렬을 통해 훨씬 간결하게 적을 수 있습니다. 그만큼 행렬은 상황이 복잡할수록 훨씬 명쾌하고 간결하게 정리해주는 것이 장점이에요.

A학급 간식별 선택인원수 B학급 간식별 선택인원수		햄버거 가격 핫도그 가격		A학급 총 간식비용 B학급 총 간식비용

$$\begin{pmatrix} 5 & 15 \\ 8 & 7 \end{pmatrix} \times \begin{pmatrix} 3{,}000 \\ 2{,}000 \end{pmatrix} = \begin{pmatrix} 45{,}000 \\ 38{,}000 \end{pmatrix}$$

그래서 학급의 수가 더 늘어날수록 행렬의 장점이 더 살아나게 됩니다. 예를 들어 이번에는 6개 학급이 있다고 해볼까요? A와 B 학급은 좀 전과 같고, C 학급은 햄버거를 9개, 핫도그를 10개, D 학급은 햄버거를 10개, 핫도그를 6개, E 학급은 햄버거를 7개, 핫도그를 11개, F 학급은 햄버거를 12개, 핫도그를 8개 선택했다면 학급별 지급할 금액은 다음처럼 간단히 표현할 수 있어요.

$$\begin{pmatrix} 5 & 15 \\ 8 & 7 \\ 9 & 10 \\ 10 & 6 \\ 7 & 11 \\ 12 & 8 \end{pmatrix} \times \begin{pmatrix} 3{,}000 \\ 2{,}000 \end{pmatrix} = \begin{pmatrix} 45{,}000 \\ 38{,}000 \\ 47{,}000 \\ 42{,}000 \\ 43{,}000 \\ 52{,}000 \end{pmatrix}$$

참, 행렬을 나타낼 때는 대문자를 이용해요. A, B, C 등과 같이요. 그러면 다음과 같이 행렬에 이름을 붙일 수 있습니다.

$$A = \begin{pmatrix} 5 & 15 \\ 8 & 7 \\ 9 & 10 \\ 10 & 6 \\ 7 & 11 \\ 12 & 8 \end{pmatrix}$$

$$B = \begin{pmatrix} 3{,}000 \\ 2{,}000 \end{pmatrix}$$

$$C = \begin{pmatrix} 45{,}000 \\ 38{,}000 \\ 47{,}000 \\ 42{,}000 \\ 43{,}000 \\ 52{,}000 \end{pmatrix}$$

그러면 A~F까지 6개 학급별 지급할 금액에 대한 행렬의 곱셈은 이렇게 다시 간단히 표현할 수 있겠죠?

$$\begin{pmatrix} 5 & 15 \\ 8 & 7 \\ 9 & 10 \\ 10 & 6 \\ 7 & 11 \\ 12 & 8 \end{pmatrix} \times \begin{pmatrix} 3{,}000 \\ 2{,}000 \end{pmatrix} = \begin{pmatrix} 45{,}000 \\ 38{,}000 \\ 47{,}000 \\ 42{,}000 \\ 43{,}000 \\ 52{,}000 \end{pmatrix}$$

$$A \times B = C$$

어떤가요? 이처럼 행렬을 통해서 복잡한 수식을 아주 간단하게 표현할 수 있는 것입니다!

챗지피티가 답한 인공지능 신경망에서 행렬의 중요성

지금까지 우리는 '행렬의 곱셈'을 활용하여 필요한 간식값을 구하는 미션을 수행해 보았습니다. 학급 수가 적을 때는 솔직히 행렬을 활용하는 것이 오히려 더 복잡하게 보이기도 했죠. 하지만 학급수가 늘어날수록 행렬을 활용할 때 문제해결이 훨씬 더 간단해진다는 것을 알게 되었을 거예요.

앞에서 제가 '행렬의 곱셈'은 인공신경망에도 유용하게 활용된다고 언급했었죠? 인공지능 신경망이란 인공지능이 우리 인간의 두뇌가 문제를 해결하거나 처리하는 방법과 비슷한 방법으로 문제를 해결하도록 하기 위한 구조입니다. 그렇다면 대체 행렬이 왜 인공신경망에서 유용하다는 걸까요? 행렬이 인공신경망에서 어떤 역할을 하는지 여러분은 혹시 궁금하지 않은가요? 이와 관련하여 제가 여러분 대신 챗지피티에게 물어보았습니다. 그랬더니 다음과 같이 답해주었어요.

> 네, 행렬은 인공신경망과 딥러닝 알고리즘에 자주 사용됩니다. 이러한 방법에서 행렬은 네트워크의 다른 뉴런 사이의 연결을 나타내는 데 사용됩니다. 인공신경망에서 각 뉴런은 정보를 처리하고 전송하는 단위입니다. 뉴런 사이의 연결은 가중치로 표현되며, 이 가중치는 두 뉴런 사이의 연결 강도를 결정합니다. 이러한 가중치는 일반적으로 행렬로 표현되며, 행렬의 각 요소는 두 뉴런 사이 연결의 가중치를 나타냅니다.
>
> 예를 들어 이미지 분류 또는 번역 등과 같은 인공지능이 주어진 작업을

할 때, 인공신경망에서 성능을 향상시키기 위해 행렬의 가중치 값이 조정됩니다. 가중치를 조정하는 프로세스는 역전파로 알려져 있으며, 학습 데이터에서 오차를 최소화하는 방식으로 가중치를 업데이트하기 위해 경사하강법을 활용합니다. 전반적으로 행렬은 인공신경망에서 뉴런 간의 연결을 간결하고 효율적으로 표현하는 방법을 제공하기 때문에 인공신경망과 딥러닝의 중요한 부분입니다.

간단하게 정리하면 인공신경망에서 정보를 처리하고 전송하는 단위인 뉴런 간 연결을 나타내는 데 행렬이 사용되고, 행렬의 각 요소는 뉴런 간 연결 강도를 결정하는 가중치를 나타낸다고 답했네요. 이런 내용을 통해서 알 수 있듯이 행렬은 인공신경망에서 뉴런 간의 연결을 간결하고 효율적으로 표현하는 방법입니다.

{행렬로 복잡한 인공신경망의 연결을 간단하게 표현해보자!}

아직은 조금 어렵나요? 그래서 지금부터 조금 더 구체적으로 설명해볼게요. 앞에서 인공신경세포 하나로는 모순에 맞닥뜨렸던 XOR 문제를 3개의 인공신경세포로 해결했던 것을 기억할 거예요.[12] 다시 한번 XOR 문제를 해결하는 인공신경망을 생각해보려고 해요. 먼저 179쪽은 인공신경세포를 그림으로 정리한 것이에요.

12. 관련 내용은 4장의 05를 다시 참조하세요.

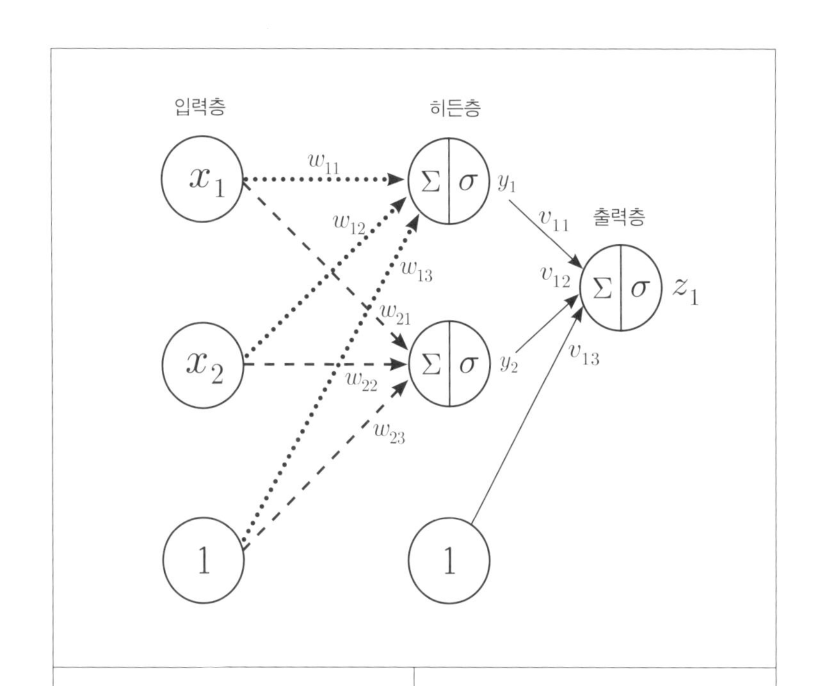

입력층에서 히든층	히든층에서 출력층
$\sigma(w_{11} \times x_1 + w_{12} \times x_2 + w_{13} \times 1) = y_1$ $\sigma(w_{21} \times x_1 + w_{22} \times x_2 + w_{23} \times 1) = y_2$ $\sigma(0 \times x_1 + 0 \times x_2 + 1 \times 1) = 1$	$\sigma(v_{11} \times y_1 + v_{12} \times y_2 + v_{13} \times 1) = z_1$
$\sigma\left(\begin{pmatrix} w_{11} & w_{12} & w_{13} \\ w_{21} & w_{22} & w_{23} \\ 0 & 0 & 1 \end{pmatrix} \times \begin{pmatrix} x_1 \\ x_2 \\ 1 \end{pmatrix}\right) = \begin{pmatrix} y_1 \\ y_2 \\ 1 \end{pmatrix}$ $\sigma(W \times X) = Y$	$\sigma\left(\begin{pmatrix} v_{11} & v_{12} & v_{13} \end{pmatrix} \times \begin{pmatrix} y_1 \\ y_2 \\ 1 \end{pmatrix}\right) = (z_1)$ $\sigma(V \times Y) = Z$

$$\sigma(V \times \sigma(W \times X)) = Z$$

이제부터 179쪽의 그림에 대한 설명을 이어가 볼게요. 여러분도 이제 곱하기와 더하기가 있는 수식이라면 행렬로 간단히 나타낼 수 있을 것 같아요. 먼저 입력층에서 히든층으로 가는 연결을 살펴봐요.

$$\sigma(w_{11} \times x_1 + w_{12} \times x_2 + w_{13} \times 1) = y_1$$

$$\sigma(w_{21} \times x_1 + w_{22} \times x_2 + w_{23} \times 1) = y_2$$

$$\sigma(0 \times x_1 + 0 \times x_2 + 1 \times 1) = 1$$

위 수식을 아래처럼 행렬로 간단히 표현해보았어요.

$$\sigma\left(\begin{pmatrix} w_{11} & w_{12} & w_{13} \\ w_{21} & w_{22} & w_{23} \\ 0 & 0 & 1 \end{pmatrix} \times \begin{pmatrix} x_1 \\ x_2 \\ 1 \end{pmatrix}\right) = \begin{pmatrix} y_1 \\ y_2 \\ 1 \end{pmatrix}$$

그럼 다음과 같이 정리할 수 있겠죠?

$$W = \begin{pmatrix} w_{11} & w_{12} & w_{13} \\ w_{21} & w_{22} & w_{23} \\ 0 & 0 & 1 \end{pmatrix}, X = \begin{pmatrix} x_1 \\ x_2 \\ 1 \end{pmatrix}, Y = \begin{pmatrix} y_1 \\ y_2 \\ 1 \end{pmatrix}$$ 라 하면

$$\sigma(W \times X) = Y$$

한편 히든층에서 출력층인 $\sigma(v_{11} \times y_1 + v_{12} \times y_2 + v_{13} \times 1) = z_1$도 아래처럼 행렬로 간단히 표현했어요.

$$\sigma\left(\begin{pmatrix} v_{11} & v_{12} & v_{13} \end{pmatrix} \times \begin{pmatrix} y_1 \\ y_2 \\ 1 \end{pmatrix}\right) = (z_1)$$

이것 또한 다음과 같이 정리할 수 있겠죠?

$$V = (v_{11}\ \ v_{12}\, v_{13}),\ Y = \begin{pmatrix} y_1 \\ y_2 \\ 1 \end{pmatrix},\ Z = (z_1) \text{ 이라 하면,}$$

$$\sigma(V \times Y) = Z$$

자, 위에서 Y는 $\sigma(W \times X)$였죠. 그러니까 이제 이것을 $\sigma(V \times Y) = Z$의 식에서 Y자리에 대입하면 됩니다. 그러면 다음과 같겠죠?

$$\sigma(V \times \sigma(W \times X)) = Z$$

와, 놀랍게도 복잡한 구조가 정말 간단한 한 줄의 수식으로 깔끔하게 정리되었군요. 이러한 점 때문에 인공지능 시대에는 행렬이 정말 중요합니다. 처리해야 할 데이터가 워낙 방대해진 만큼 인공신경망도 복잡할 수밖에 없으니까요. 앞선 간식값 구하기 미션에서 학급의 수가 아무리 늘어나더라도 계산하는 방식에 변화가 없는 것처럼 층마다 뉴런이 더 있더라도, 행렬로 표현하는 방식 자체는 변하지 않아요. 이처럼 복잡한 신경망 구조를 행렬의 단 한 줄로 명쾌하게 표현할 수 있기 때문에 수학은 참으로 아름다운 과목이에요. 일단 지금은 공식에 대한 골치 아픈 생각은 잠시 내려놓고 수학의 힘을 감상해보면 좋을 것 같아요.

미션, 인공지능의 예측 능력치를 높여라!

미분은 소위 수많은 수포자들을 양산하는 일등공신으로 꼽힐 만큼 수험생들 사이에서 악명이 높습니다. 심지어 일부 학생들은 문제집에서 풀어본 것과 조금만 꼬인 문제가 출제되어도 당황한 나머지 아예 풀어보려는 엄두조차 내지 않는 무기력한 모습마저 보이기도 합니다. 하지만 미분은 여러모로 아주 쓸모 있고 또 재미있는 학문입니다. 특히 함수 그리고 미분의 개념은 인공지능을 포함한 많은 다른 분야에서 빼놓을 수 없는 중요한 수학적 도구이기도 하죠. 수학에서 함수의 미분은 입력 변수의 변화에 따라 함수의 값이 어떻게 변하는지를 나타내는 척도라고 생각할 수 있어요. 미분은 함수의 변화를 연구하고 이해하는 데 사용돼요. 인공지능은 정확한 예측을 내리기 위해서는 데이터 내에 존재하는 패턴과 관계를 학습할 수 있어야 해요. 이 패턴과 관계를 학습할 때 활용하는 방법이 미분 개념을 사용하는 것이에요. 그럼 지금부터 인공지능의 능력치를 높이기 위해서 학습하는 과정을 함수와 미분을 중심으로 살펴볼게요.

함수와 미분

01 수학적 모델링

0100110101001001001110011100010011010100100100111001110001001101010100110101001001011010101001001

미래가 궁금해? 점괘 말고 수학에게 물어봐!

요즘처럼 변화무쌍하고 불확실성이 짙은 시대에는 미래를 예측하기가 더더욱 쉽지 않습니다. 하지만 예측이 어렵다고 해도 아무런 대비 없이 그저 변화에 휩쓸리며 살아갈 순 없지 않을까요? 그렇다고 오늘날 같은 초기술 시대에 예언 같은 미신에만 의지하는 건 어리석은 일이죠.

{수학으로 예측해보는 미래} 그럼 수학을 이용해보면 어떨까요? 미래가 궁금하다면 이용 가능한 데이터를 기반으로 수학적 모델링을 사용하여 예측이나 추정을 하는 것도 좋은 접근법이에요. 이러한 수학적 모델링은 주어진 데이터 집합 내에 존재하는 다양한 관계와 패턴을 설명하기 위해 수학 방정식과 함수를

사용합니다. 데이터에 수학적 모델을 적용함으로써 미래의 사건이나 추세에 대한 예측이나 추정이 가능하답니다. 대표적으로 날씨를 예로 들어볼까요? 요즘은 한여름이면 더위라는 말로는 부족한 엄청난 폭염이 찾아오곤 하죠. 왠지 작년보다 올해가 더 덥게 느껴진다면 막연하게 이렇게 짐작할 것입니다.

'아, 지구온난화가 심각하다더니 그것 때문에 연평균기온이 지속적으로 상승하나 보다…'

벌써 한여름 기온이 40도를 훌쩍 뛰어넘은 나라들도 있는데, 혹시 20년 뒤에는 우리나라를 포함하여 지구상에서 그 어떤 생명체도 더 이상 살아갈 수 없게 되면 어쩌나 하는 걱정이 몰려올 수 있어요. 이때, 수학을 이용하면 막연한 걱정에서 벗어나 좀 더 명확하게 미래를 예측할 수 있습니다.

20년 후의 연평균 기온을 예측해보자!

먼저 데이터가 필요합니다. 과거부터 지금까지 연도와 연평균기온의 데이터를 수집해야 하죠. 그리고 나면 무엇을 해야 할까요? 네, 함수를 만들어야겠죠? 즉 연도를 x, 연평균기온을 y로 하는 함수를 $y = f(x)$ 설정하여 20년 뒤의 기온을 예측해볼 수 있어요. 그리고 이 함수는 인공지능을 활용하여 구할 수 있습니다.

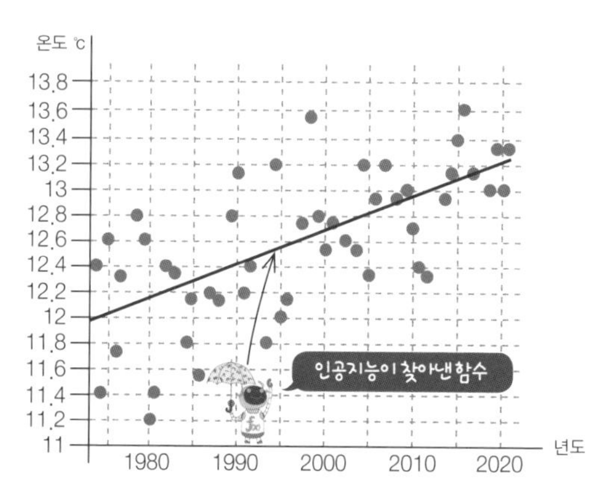

1970~2020년까지의 연평균기온을 표현한 산점도

산점도란 2개의 연속형 변수 간 관계를 보기 위하여 직교좌표의 평면에 관측점을 찍어 만든 통계 그래프입니다. 위는 연도에 따른 평균기온을 직교좌표에 표현한 산점도입니다.

위의 그림은 1970년부터 2020년까지 연도별 연평균 기온을 산점도로 표현한 것인데, 인공지능이 학습하여 연평균기온을 예측한 함수는 $f(x) = 0.03464x - 56.77$입니다. 이 모델에 의하면 2040년의 연평균 기온은 $f(2040) = 13.8956$으로, 약 13.9℃로 예측할 수 있어요.

날씨를 넘어 기업의 미래도 예측하는 수학의 힘

지금은 이해를 돕기 위해 가장 간단한 모델을 소개한 것입니다. 하지만 실제 날씨를 예측하는 기상학에서는 훨씬 더 복잡한 모델을 활용하고 있죠. 기상학자들은 날씨 패턴과 상태에 대한 데이터를 수집함으로써 수학적 모델을 사용하여 허리케인의 경로나 특정 유형의 강수량 가능성 등과 같은 미래의 날씨에 대해 예측할 수 있어요. 기상학자들은 이러한 모델들을 현재의 날씨 상태에 대한 데이터에 적용함으로써 미래의 날씨 사건을 한층 더 정확하고 신뢰할 수 있게 예측할 수 있는 거죠.

그리고 수학을 통한 예측은 비단 기상학에만 국한되지 않습니다. 다른 분야에서도 얼마든지 적용 가능합니다. 만약 회사의 미래 성장을 예측하는 데 관심이 있는 경우 수학적 모델링을 사용하여 회사의 수익과 비용에 대해 누적된 데이터뿐만 아니라 더 광범위한 경제 환경에 대한 데이터까지 포괄적으로 분석할 수 있어요. 마찬가지로 이 데이터에 수학적 모델을 적용하면 회사의 미래 성장과 재무 실적을 예측할 수 있죠. 그리고 이 접근법은 미신이나 다른 주관적인 요소에 의존하는 것보다 훨씬 객관적이고 신뢰할 수 있는 예측 근거를 제공해줍니다.

이처럼 수학적 모델링은 다양한 데이터를 기반으로 미래에 대한 예측과 추정을 가능하게 해주는 매우 강력한 도구이자 무기입니다. 데이터에 수학적 모델을 적용함으로써 기초적인 패턴과 관계에 대한 더 나은 이해를 얻을 수 있고, 미래의 사건이나 추세에 대해 신뢰할 만한 정확한 예측을 할 수 있으니까요. 이어지는 이야기들에서는 방법론에 초점을 맞춰서 좀 더 구체적으로 살펴보기로 해요.

미션, 오차를 줄여라!

앞에서도 인공지능의 학습 결과는 모델(함수)라고 했죠? 그럼 인공지능은 어떻게 학습하여 이 함수를 찾아낼까요? 우리가 열심히 공부했다고 늘 만점만 받는 것 아니듯이 인공지능도 여러 번 틀리기도 합니다. 하지만 다시 도전해서 학습을 이어가며 오차를 줄여가죠. 그래서 여기에서는 인공지능이 틀리고 다시 도전하는 과정을 조금 더 구체적으로 살펴보려고 합니다. 이를 위해 먼저 '오차'라는 개념을 설명할 필요가 있습니다.

{ 예측이니까 빗나갈 수 있지… }

아마 여러분도 '오차'라는 말을 들어보셨을 거예요. 잠시 책을 내려두고 두 손바닥 사이의 간격이 10cm가 되도록 두 손을 올려보세요. 단, 이때 자와 같은 측정 도구의 도움을 받으시면 안 돼요. 그냥 딱 직감으로 10cm가 되도록 시도해보는 것입니다. 아래쪽에 실제 10cm인 자를 그려 놓았어요. 여러분의 직감을 이 10cm 자와 비교해보시겠어요? 어떤가요? 비슷한가요? 차이가 꽤 있다고요? 사람들이 막연하게 생각하는 10cm는 조금씩 다릅니다. 실제 10cm와 여러분이 마음으로 예측했던 10cm, 이 두 값의 차이를 바로 오차라고 하죠.

오차 = 실젯값 – 예측값

지금 상황에서 실젯값은 자로 잰 10cm이고, 예측값은 여러분들이 마음속으로 10cm일 거라고 짐작한 값이에요. 무엇인가 예측한다고 하면 늘 그 예측이 잘 맞는지 틀렸는지 확인하게 되죠. 오차는 얼마나 잘 예측했는지 확인할 때 활용하는 것입니다.

여론조사는 얼마나 신뢰할 만한 자료일까?

우리가 자주 접하는 예측 상황 중에서 오차가 활용되는 상황이 또 있어요. 여론조사나 설문조사가 그래요. 특히 선거철이 다가오면 다양

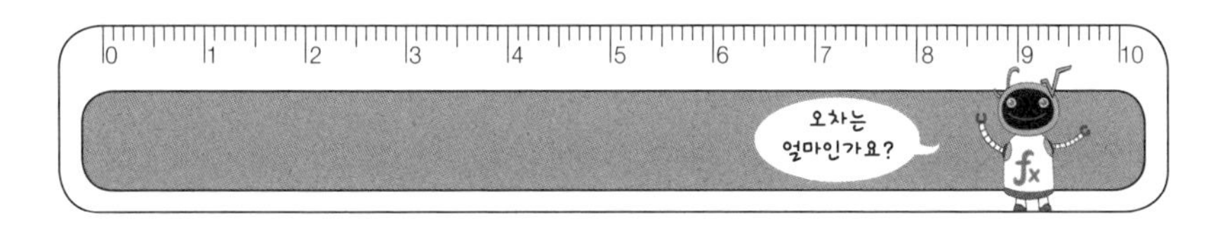

한 여론조사나 설문조사가 이루어지죠. 이때 우리나라에서 선거권을 가진 모든 국민을 대상으로 조사를 할 수 없기 때문에, 랜덤 샘플링(random sampling)[1]으로 표본을 구성합니다. 예컨대 2,000명을 대상으로 지지하는 후보를 설문 조사하고, 이 결과를 통해서 전체 국민이 지지하는 후보를 예측해보는 거죠. 하지만 아무리 무작위로 표본을 구성했다고 해도, 2,000명에 대한 설문조사가 국민 전체의 의견과 완전히 똑같다고 할 순 없겠죠? 그래서 이런 조사 결과에는 늘 단서가 제시됩니다. 여러분도 설문조사 결과 아래에 다음과 같은 문구가 붙어있는 것을 본 적이 있을 거예요.

"표본오차는 95% 신뢰수준에서 ±3.1%P"

이런 문구를 풀어서 설명하면 지지율은 ±3.1%포인트의 오차가 있을 수 있고, 또 이 값에서 벗어날 확률은 5%라는 뜻입니다. 결국, 전체 국민의 의견을 예측하는 것이니 오차를 고려해야 하겠죠.

{인공지능의 예측도 오차가 있다} 책을 쓰면서 경험한 재미있는 에피소드 하나 말씀드릴까요? 저도 사실 손바닥을 마주하며 10cm 측정하는 상황을 인공지능에게 그리도록 해보았습

1. 표본조사에 있어서 모집단 전체의 경향을 가능하면 대표할 수 있도록 표본을 무작위, 즉 임의로 추출하는 방법.

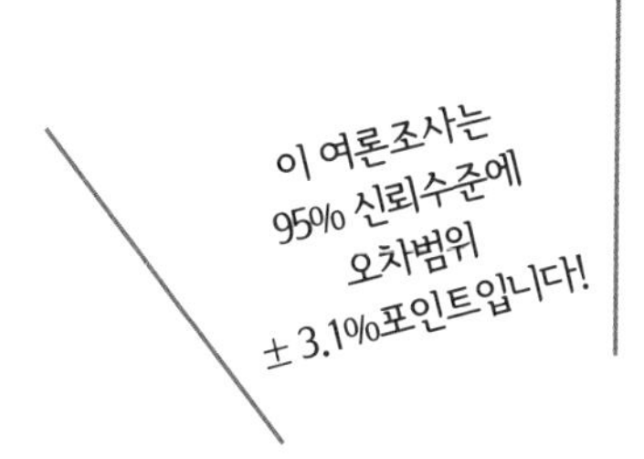

#예측_#여론조사_#표본오차_ #신뢰수준

니다. 그런데 제가 원했던 그림과 달리 인공지능이 예측하여 그린 그림은 계속 오차가 있었죠(193쪽 그림 참조). 처음에는 이렇게 요구했어요.

"책상 위에 자가 있고 사람이 손바닥을 마주하며 들고 있어요."

그랬더니 인공지능은 ①번 그림을 그려주었어요. 자도 있고, 사람도 있고 손바닥을 마주 보고 있지만, 딱 봐도 '이게 뭔가?' 싶을 만큼 이상하죠. 그래서 오차를 수정하기 위해 다시 입력했죠.

"책상 위에 자가 있고, 사람이 두 손바닥을 마주 보도록 하며 손을 들고 있으며, 이때 손의 위치는 자 위에 있어요."

이렇게 해서 인공지능이 그려준 것이 ②번 그림입니다. 하지만 이 역시도 머릿속에서 생각한 그림과는 오차가 있었죠. 그래서 다시 수정하여 이렇게 입력했어요.

"한 명의 사람이 있고, 두 손바닥 사이의 간격을 측정하고 있어요."

이런 시행착오를 거친 끝에 세 번째로 인공지능이 다시 그려준 것이 맨 아래의 ③번 그림이랍니다. 이처럼 실젯값과 유사하게 예측값을 맞춰나가는 과정이 인공지능의 학습이라고 할 수 있어요.

③

지시에 따라 인공지능이 그린 그림들

손바닥을 마주하며 10센티를 측정하는 상황을 인공지능에게 그리게 해보았어요. ①번 그림이 첫 번째, ②번 그림이 2번째, ③번 그림이 3번째로 그려낸 그림입니다. QR코드로 접속하면 좀 더 다양한 인공지능의 시행착오를 확인하실 수 있어요.

인공지능이 함수를 찾아내는 방법에 관하여

이제 우리는 과거의 데이터로부터 미래를 예측하는 함수를 찾아내는 것이 인공지능의 학습 결과임을 알게 되었습니다. 과거 데이터의 집합을 X, 예측하고 싶은 미래의 사실을 Y라 두면, X를 **독립변수**라 하고, Y는 X에 의해서 결정되기 때문에 종속되었다는 뜻으로 **종속변수**라고 해요.

{X로 Y를 예측하라!}

인공지능에서는 모델을 만드는 목적이 Y구하기, 즉 예측하기 위함이죠. 따라서 Y를 **목적변수** 혹은 **타겟(target)**이라고 부르기도 해요. 이때, X는 Y의 **특성**이라고도 합니다. 예를 들어 인공지능으로 '수학책을 많이 읽는 사람의 수학 성적을 예측'하고 싶으면 읽은 수학책의 권수는 X, 수학 성적은 Y가

됩니다. 수학 성적의 예측이 목적이므로 수학 성적은 목적변수, 즉 타겟변수라고 하고, 읽은 수학책의 권수는 누적된 과거 데이터로 미래의 수학 성적을 결정하는 독립변수의 하나가 되겠죠.

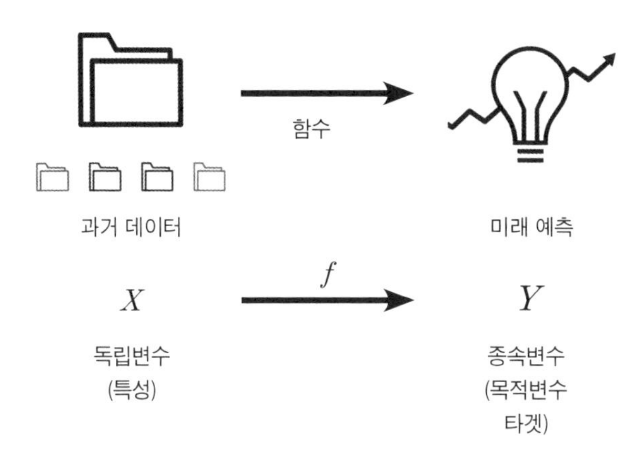

이처럼 X와 Y의 관계를 수학적으로 설명하여 표현한 것이 함수입니다. 인공지능은 X에서 어떻게 Y가 도출되는지 파악하려고 하고 그것을 추론한다고 하기도 해요. 즉 인공지능은 $Y=f(X)$를 만족하는 함수 f를 찾는 것이죠.

{결국 평균으로 돌아가다} 인공지능이 추론을 하는 방법, 즉 함수를 찾는 방법에는 여러 가지가 있어요. 그중에서도 우리는 제일 간단한 함수인 1차 함수, 즉 직선으로 추론하는 것부

터 살펴볼게요. 직선으로 추론하는 방법을 **선형회귀분석**이라고 해요. 여기서 '선형'은 직선 형태로 추론하겠다는 의미입니다. 선형회귀분석은 프랜시스 갈톤(Francis Galton, 1822-1911)[2]의 연구에서 시작되었어요. 갈톤(1886)은 부모의 평균키로부터 자녀의 키를 추론하려고 연구하였으며, **회귀**(regression)[3]라는 용어를 처음 도입했습니다. 이때 부모의 평균키가 독립변수 X이고, 자녀의 키가 종속변수 Y가 되죠. 갈톤은 먼저 1000그룹의 부모의 평균키와 자녀의 키를 조사해서 표로 정리하고, 가로축은 부모의 평균키, 세로축은 자녀의 키로 하는 좌표평면 위에 산점도를 그렸어요.

오른쪽 그래프에서(197쪽 참조) MID-PARENTS를 나타내는 선은 $y = x$로 '부모의 평균키 = 자녀의 키'를 나타내는 선이에요. 그리고 그보다 기울기가 완만한 CHILDREN이라고 적혀 있는 선은 동그란 점으로 표현된 실제 데이터를 예측하기 위한 선, 즉 부모의 평균키와 자녀의 키의 관계를 예측하는 선이에요.

이 선이 부모의 평균키로부터 자녀의 키를 예측하는 오차가 가장 작은 선이라고 할 수 있어요. 이 직선은 $y = 29.4 + 0.57x$로 표현할 수 있습니다. 당시 갈톤은 인치(inch) 단위로 측정하였지만, 우리는 센티미터 단위가 더 익숙하죠? 그래서 인치를 센티미터로 변환하여 계산해보면 다음과 같이 정리할 수 있어요.

2. Galton, F. (1886). Regression towards mediocrity in hereditary stature. *The Journal of the Anthropological Institute of Great Britain and Ireland*, 15, 246-263. 247쪽 참고
3. 사전적인 의미는 원래의 자리로 되돌아온다는 뜻이고, 갈톤의 이론에서는 '평균'으로 돌아온다는 뜻입니다.

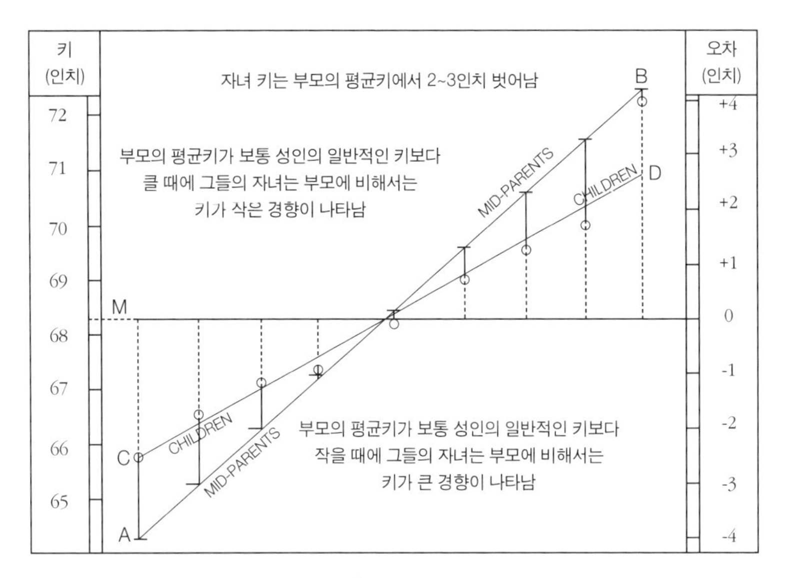

키의 유전으로 본 갈톤의 평균으로의 회귀[4]

갈톤은 부모의 평균키에서 자녀의 키를 추론하려고 했습니다. 회귀(regression)라는 용어를 처음 도입한 사람이기도 합니다.

$$\text{자녀의 키}(cm) = 74.7(cm) + 0.57 \times \text{부모의 평균키}(cm)$$

갈톤의 연구 결과 부모의 평균키는 자녀의 키에 영향을 주는 것으로 확인되었습니다. 즉 부모의 키가 자녀의 키에 영향을 미친다는 거죠. 하지만 부모의 키가 미치는 영향을 자세히 들여다보니 흥미로운 점이 관찰됩니다. 이는 갈톤의 분석 방법이 **회귀분석**으로 불리

4. Galton, F. (1886). Regression towards mediocrity in hereditary stature. *The Journal of the Anthropological Institute of Great Britain and Ireland*, 15, 246-263. 247쪽 참고

는 이유이기도 하지요. 왜냐고요? 갈톤은 처음에 부모의 평균키가 클수록 자녀의 키도 무조건 클 거라고 예상했습니다. 그런데 일부는 맞지만, 조금 다른 결과도 얻었죠. 197쪽 그래프에서 오른쪽 상단을 볼까요? 부모의 키가 (같은 세대 평균보다) 크면, 자녀의 키도 (같은 세대 평균보다) 크고, 부모의 키가 (같은 세대 평균보다) 작으면 자녀의 키도 (같은 세대 평균보다) 작은 것을 알 수 있죠. 하지만 차이(오차)는 감소했습니다. 즉 부모의 키와 같은 세대 평균과의 차이(오차)에 비해 자녀의 키는 같은 세대 평균과의 차이(오차)가 줄어든다는 것을 관찰할 것이에요. 이를 토대로, 자녀의 키는 자녀가 속한 세대의 평균으로 가려는 경향, 즉 '**평균으로 회귀**'하려는 경향이 있다는 연구 결과를 발표한 거죠. 갈톤의 이 연구를 시작으로 선형회귀분석은 독립변수와 종속변수 사이의 관계를 파악하는 분석 방법으로 인공지능 시대인 요즘도 널리 활용되고 있답니다.

데이터 간 관계를 가장 잘 설명할 수 있는 함수는?

선형회귀분석에 관해 간단히 정리해보았습니다. 그런데 선형회귀분석에서 중요한 것이 바로 **오차**와 오차의 **대푯값**입니다. 왜 그런지 갈톤이 어떻게 부모의 평균키로부터 자녀의 키를 예측했는지를 다시 간단한 사례와 함께 살펴볼게요. 다만 이 사례는 단지 계산하기 쉽게 만든 것일 뿐이니까 키에 관한 괜한 오해는 말아주세요! 자, 4쌍의 부모의 평균키와 그 자녀의 키를 조사하여 정리해보았더니

4쌍의 부모의 평균키와 자녀의 키

	부모의 평균키 (X)	자녀의 키 (Y)
데이터 A	172	171
데이터 B	174	173
데이터 C	176	180
데이터 D	178	181

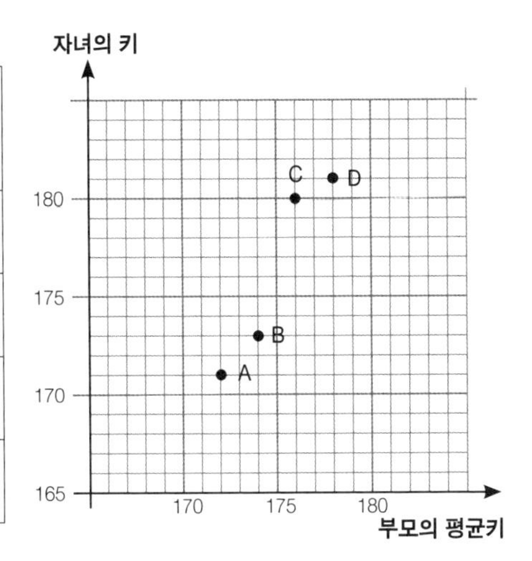

위의 표(왼쪽)와 같다고 가정합시다. 이 조사 내용을 좌표평면에 표현하였는데, 가로축은 부모의 평균키이며, 세로축은 자녀의 키로 각 데이터를 좌표평면에 점을 찍은 거예요(위의 오른쪽 그림).

이제 주어진 두 데이터의 관계를 가장 잘 설명할 수 있는 함수, 여기서는 1차 함수인 직선을 하나 찾아볼게요. 이때, 1차함수는 원점을 지나는 직선 $f(x)=ax$형태를 찾으려고 해요. 이미 1차함수를 공부한 학생들은 왜 하필 원점을 지나는 1차함수 $f(x)=ax$를 찾는지 궁금할 수도 있어요. 왜냐하면 1차함수의 일반적인 형태인 $f(x)=ax+b$에 익숙할 테니까요. y의 절편 b와 관계된 항이 있으면 뒤에서 설명하겠지만, 대학교에서 공부하는 다변수함수를 생각해야 해서요. 여기에서 제일 간단한 함수인 1차 함수 중에서도 가장 간단한 직선을 찾아보려고 해요.

왜 이런 함수를 찾아야 하는지 궁금할 수 있어요. 물론 데이터가 예시처럼 4개뿐이라면 굳이 함수까지 구할 필요는 없겠죠. 하지만 데이터가 커지면, 예컨대 전교생 1,000명, 아니 전국의 부모-자녀를 대상으로 데이터를 수집하여 키를 일일이 대조한다고 생각해보세요. **두 데이터의 관계를 가장 잘 설명할 수 있는 함수, 여기서는 직선 하나**를 찾는 게 훨씬 효과적이죠. 그러니까 함께 찾아봐요. 먼저 직선을 어떻게 그릴지 추론해볼까요? 아래 그래프 왼쪽처럼 제일 왼쪽 A와 제일 오른쪽 점 D를 이어보면 될까요? 아니면 오른쪽처럼 중앙에 있는 두 점 B, C를 이어보면 될까요? 아니면 다른 방법으로 그려야 할까요? 두 데이터의 관계를 가장 잘 설명할 직선을 찾기 위해서는 **기준**이 필요해요. 내가 그린 선이 두 데이터의 관계를 잘 설명하는지 판단할 근거가 필요하죠. 이때 활용하는 것이 바로 **오차**예요!

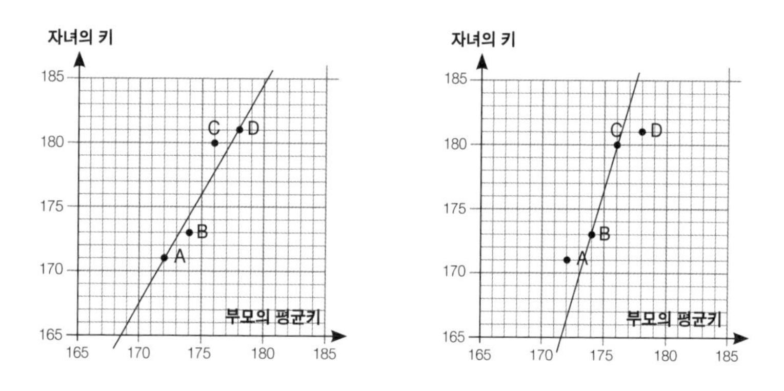

데이터의 관계를 더 잘 설명하는 함수는?

어떤 그래프가 데이터의 관계를 잘 설명해주는지 판단하려면 기준이 필요한데, 이러한 판단 기준의 근거가 바로 오차입니다.

오차의 절댓값이 가장 작은 함수를 찾아라!

계산하기 쉽도록 데이터를 조금 수정해서 계속 설명해볼게요! 키 170cm를 기준으로 해서 다시 한번 아래 표와 같이 표현해보았어요. 여기서 데이터 A의 부모의 평균키 2는 172cm를 의미하고, 자녀의 키 1은 171cm를 의미한다고 약속하는 거죠. 이렇게 수정한 데이터를 좌표평면에 점으로 표현할 수 있고요. 그 값이 실제 키를 조사한 데이터, 실젯값이라고 해요. 그리고 두 데이터의 관계를 설명하기 위한 직선의 방정식 $y = x$ 를 하나 생각해보려고 해요.

오차는 실젯값과 예측값의 차이로 약속했어요. 실제 데이터는 부모의 평균과 자녀의 키가 모두 있지만, 우리는 그중에서 부모의 평균키로 자녀의 키를 예측하고 싶은 거니까 자녀의 키를 실젯값 Y로 설정했어요. 그리고 예측값은 인공지능이 함수를 통해서 산출

데이터를 수정한 4쌍의 부모의 평균키와 자녀의 키

	부모의 평균키 (X)	자녀의 키(Y)
데이터 A	2	1
데이터 B	4	3
데이터 C	6	10
데이터 D	8	11

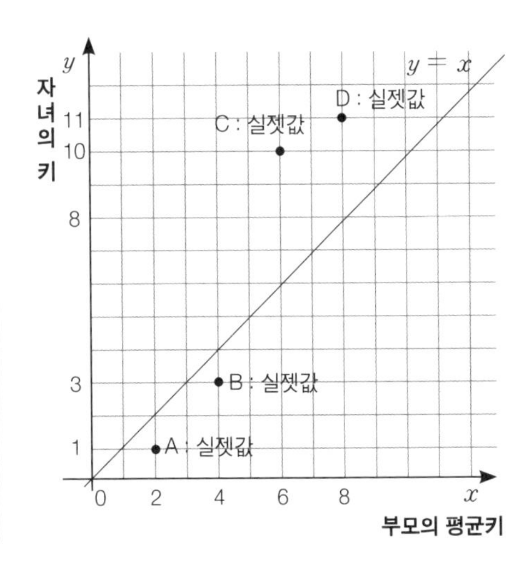

하는 값을 의미해요. 예를 들어 두 데이터의 관계를 설명할 때 직선 $y = x$ 에 의해 예측되는 값이 예측값이에요. 구체적으로는 부모의 평균키를 직선 $y = x$ 을 의미하는 일차함수 $f(x) = x$ 에 대입하여 얻어지는 값이 부모의 평균키로부터 자녀의 키를 예측한 값이죠. 이를 좌표평면에서 두 데이터의 관계를 설명하는 직선 $y = x$ 위에 아래 그래프처럼 하트로 표시할 수 있어요.

실제 키 데이터와 $y = x$에 의한 예측 데이터

	실제 데이터		예측 데이터
	부모의 평균키 (X)	자녀의 키(Y) 실젯값	$y = x$ 에 의해 예측된 자녀의 키
데이터 A	2	1	2
데이터 B	4	3	4
데이터 C	6	10	6
데이터 D	8	11	8

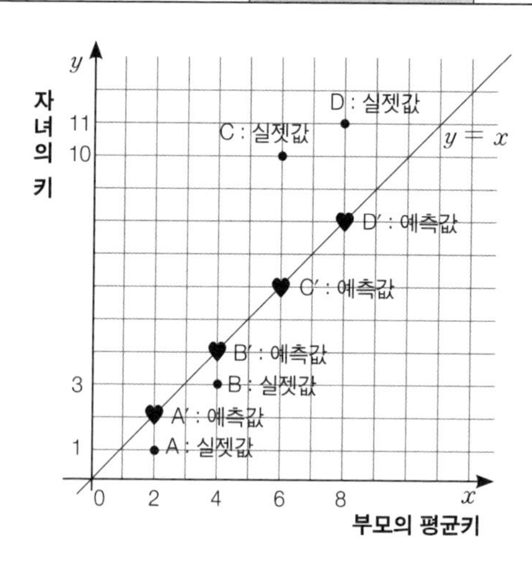

그러면 실젯값과 예측값의 차이인 오차를 각각 계산하면 아래의 표와 같고, 그것을 역시 그림처럼 표현할 수 있어요. 인공지능은 바로 이 오차를 최대한 줄이기 위해서 학습을 계속하는 거예요. 그러면 오차를 줄이기 위해서는 어떻게 해야 할까요? 우리는 직선으로 부모의 평균키와 자녀의 키의 관계를 나타내려고 하고 있어요. 직선의 방정식은 $y = ax + b$ 형태이지만, 절편 b는 생각하지 않는 가

$y = x$로 예측한 데이터와 오차

	실제 데이터		예측 데이터	오차
	부모의 평균키 (X)	자녀의 키(Y) 실젯값	$y = x$에 의해 예측된 자녀의 키	실젯값 − 예측값
데이터 A	2	1	2	−1
데이터 B	4	3	4	−1
데이터 C	6	10	6	4
데이터 D	8	11	8	3

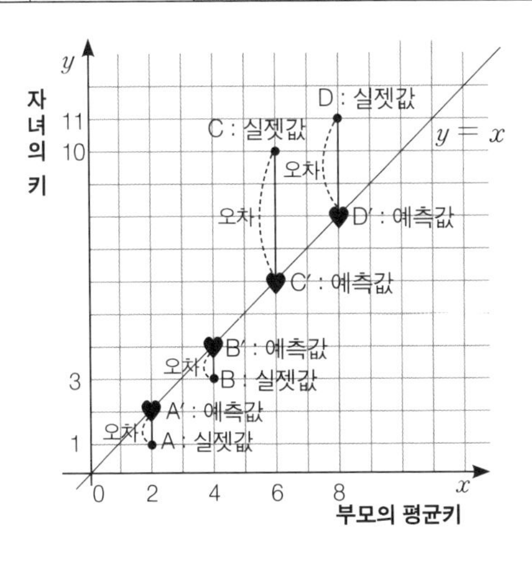

장 쉬운 직선 $y=ax$를 생각하려고 해요. 따라서 기울기인 a의 값이 다른 직선을 생각하여 오차가 줄었는지 판단해보면 되겠죠? 예를 들어 직선 $y=x$와 직선 $y=1.5x$ 중 데이터를 더 잘 설명할 수 있는 직선이 무엇인지 생각해볼까요?

기울기 값에 따른 오차 비교

	실제 데이터		예측	오차	예측	오차
	부모의 평균 키(X)	자녀의 키(Y) 실젯값	$y=x$ 에 의해 예측된 자녀의 키	실젯값 − 예측값	$y=1.5x$ 에 의해 예측된 자녀의 키	실젯값 − 예측값
데이터 A	2	1	2	−1	3	−2
데이터 B	4	3	4	−1	6	−3
데이터 C	6	10	6	4	9	1
데이터 D	8	11	8	3	12	−1

자, 두 직선 중 어느 것이 두 데이터의 관계를 더 잘 설명할 수 있나요? 아까 그 기준은 오차라고 말씀드렸죠? 오차를 비교해볼게요. 데이터 A의 경우 $y=x$로 예측했을 때 오차가 -1, $y=1.5x$로 예측했을 때 발생한 오차가 -2이에요. 오차의 절댓값이 작을수록 좋으니까, 데이터 A에 대해서는 $y=x$가 더 좋죠. 그리고 데이터 B의 경우 $y=x$로 예측했을 때 오차가 -1, $y=1.5x$로 예측했을 때 발생한 오차가 -3이에요. 마찬가지로 데이터 B에 대해서도 $y=x$가 더 좋군요. 어, 이러면 $y=x$가 데이터를 더 잘 설명하는 직선인가요? 하지만 데이터 C의 경우 $y=x$로 예측했을 때 오차가 4, $y=1.5x$로 예측했을 때 발생한 오차가 1이에요. 오차의 절댓값이 작

을수록 좋으니까, 데이터 C에 대해서는 $y=1.5x$가 더 좋군요. 마찬가지로 데이터 D의 경우 $y=x$로 예측했을 때 오차가 3, $y=1.5x$로 예측했을 때 발생한 오차가 -1이에요. 오차의 절댓값이 작을수록 좋으니까, 데이터 D는 대해서도 데이터 C와 마찬가지로 $y=1.5x$가 더 좋습니다.

어떡하죠? $y=x$가 더 좋은 데이터와 $y=1.5x$가 더 좋은 데이터가 2:2입니다. 이건 또 어떻게 비교하나요? 만약 데이터가 100개라면 100개, 10,000개라면 10,000개를 모두 일일이 비교해보아야 하나요? 생각만 해도 너무 번거롭습니다. 그래서 수학이 필요합니다.

{우리나라와 포르투갈의 축구실력을 수학적으로 비교하면?}

수학은 좀 더 간단한 방법을 알고 있어요. 즉 두 그룹을 비교할 때 그룹의 구성원 각각을 서로 비교하기보다는 두 그룹의 대표를 뽑아서 비교하는 거죠. 이것은 수학뿐 아니라 실제 현실에서도 마찬가지예요. 2022년 카타르 월드컵이 있었죠. 국가별 축구의 실력을 어떻게 비교할까요? 대한민국과 포르투갈의 축구 실력을 비교하고 싶다고 한다면, 전 국민 한명 한명의 축구 실력을 일일이 비교하지는 않죠. 즉 대한민국 3살 아기와 포르투갈 3살 아기가 나와서 공을 차서 실력을 비교하고, 대한민국 10살 학생과 포르투갈 10살 학생이 나와서 공을 차서 실력을 비교하고, 대한민국 65세 할머니와 포르투갈 65세 할머니가 나와서 공을 차서 실력을 비교하지 않아요.[5] 그러면 어떻게 하죠? 각 국가의 대표를 뽑아요. 그렇게 선발된 사람들의 집합을 우리는 국가**대표**팀이라고 부르죠. 그리고 그 국가**대표**팀끼리 경기를 해요. 2022 카타르 월드컵에서도 한국의 국가대표팀과 포르투갈의 국가대표팀이 경기했고, 우리 대표팀이 2:1로 승리하여 한국의 FIFA랭킹이 상승했어요.

마찬가지예요. 데이터마다 오차를 하나하나 비교하는 것이 아니라 오차의 **대푯값**을 뽑으면 됩니다. 대푯값! 자, 여기서 또 수학이 힘을 발휘해요. 우리는 데이터의 대푯값으로 활용할 수 있는 것을 이미 알고 있어요. 데이터가 있을 때, 데이터를 대표하는 값으로 평균, 중앙값, 최빈값이 있는 것을 수학 시간에 배운 적이 있을 거예요. 어떤가요? 수학 시간에 배운 것들이 놀랍게도 모두 삶에서 활용되고 있는 것이 증명된 거죠. 마찬가지로 인공지능에서도 활용됩니다. 예컨대 데이터 A, B, C, D에 대하여 예측하는 두 직선 $y=x$와 $y=1.5x$ 각각 오차가 있으니 두 그룹의 오차의 대푯값을 찾는 거예요. 여기에서는 대푯값으로 널리 활용되는 평균을 사용해볼게요. 평균은 개별 값을 모두 더하고, 그 수만큼 나눈 값이죠.

직선 $y=x$에 의해 예측되어 발생한 오차가 -1, -1, 4, 3이라면 이 값을 모두 더해서 4로 나누어요. 마찬가지로 $y=1.5x$에 의해 예측되어 발생한 오차는 -2, -3, 1, -1이고 이 값을 모두 더해서 4로 나누어요. 이를 비교하여 정리하면 오른쪽 표와(207쪽 참조) 같아요.

5. 이렇게 일일이 비교하는 것이 제가 조금 전에 데이터를 한 줄씩 오차를 비교한 방식이죠.

부모의 평균키로 예측한 자녀의 키와 오차

<table>
<tr><td></td><td colspan="2">실제 데이터</td><td>예측</td><td>오차</td><td>예측</td><td>오차</td></tr>
<tr><td></td><td>부모의 평균키 (X)</td><td>자녀의 키(Y) 실젯값</td><td>$y=x$ 에 의해 예측된 자녀의 키</td><td>실젯값−예측값</td><td>$y=1.5x$ 에 의해 예측된 자녀의 키</td><td>실젯값−예측값</td></tr>
<tr><td>데이터 A</td><td>2</td><td>1</td><td>2</td><td>−1</td><td>3</td><td>−2</td></tr>
<tr><td>데이터 B</td><td>4</td><td>3</td><td>4</td><td>−1</td><td>6</td><td>−3</td></tr>
<tr><td>데이터 C</td><td>6</td><td>10</td><td>6</td><td>4</td><td>9</td><td>1</td></tr>
<tr><td>데이터 D</td><td>8</td><td>11</td><td>8</td><td>3</td><td>12</td><td>−1</td></tr>
<tr><td rowspan="2" colspan="2">오차의 대표 값</td><td>오차의 평균의 절댓값</td><td colspan="2">$\frac{-1+(-1)+4+3}{4}=\frac{5}{4}$</td><td colspan="2">$\frac{-2+(-3)+1+(-1)}{4}=-\frac{5}{4}$</td></tr>
<tr><td>오차 제곱의 평균</td><td colspan="2">$\frac{(-1)^2+(-1)^2+4^2+3^2}{4}=\frac{27}{4}$</td><td colspan="2">$\frac{(-2)^2+(-3)^2+1^2+(-1)^2}{4}=\frac{15}{4}$</td></tr>
</table>

그런데 오차의 평균의 절댓값은 양쪽 모두 $\frac{5}{4}$로 같아요. 분명 오차가 있는데 플러스와 마이너스를 더하면서 서로 상쇄되어서 오차가 줄어들고 있어요. 이때 또다시 수학의 개념이 힘을 발휘하죠. 바로 중학교 통계 시간에 배우게 될 **분산**의 개념이에요. 분산은 쉽게 말해서 "데이터가 평균으로부터 얼마나 멀리 떨어져 있는지 그 정도를 나타내는 값"이에요. 데이터마다 평균으로부터 떨어진 정도가 있는데, 여러 데이터를 각각 설명하는 것이 아니라 여러 데이터의 대푯값으로 나타내는 것이 바로 분산이죠.

분산을 계산할 때도 오차와 비슷하게 '평균－데이터'의 값인 편차를 활용해요. 그런데 이 편차의 대푯값 계산할 때는 평균을 그대로 활용하는 것이 아니라 제곱을 해서 평균해야 해요. 그 이유는 편차끼리 그냥 더하면 플러스와 마이너스가 서로 상쇄되며 합이 0이 되기 때문입니다. 하지만 제곱하면 마이너스 부호가 사라지고 플러스 부호만 남죠. 그러니까 분산은 편차 제곱의 평균이에요. 마찬가지로 오차를 그냥 평균하면 플러스 부호의 값과 마이너스 부호의 값이 서로 상쇄되기 때문에 오차를 제곱해서 평균을 구하는 거죠. 이 오차 제곱의 평균을 오차의 대푯값으로 활용하는 것입니다. 그럼 직선 $y=x$에 의해 예측하여 발생한 오차의 대푯값(오차 제곱의 평균)과 직선 $y=1.5x$에 의해 예측하여 발생한 오차의 대푯값(오차 제곱의 평균)을 각각 구하면 다음과 같습니다.

$y=x$에 의해 예측하여 발생한 오차의 대푯값: $\frac{27}{4}$
$y=1.5x$에 의해 예측하여 발생한 오차의 대푯값: $\frac{15}{4}$

$y=x$에 의해 예측한 오차의 대푯값보다 $y=1.5x$에 의해 예측하여 발생한 오차의 대푯값이 더 작으니까 $y=1.5x$가 두 데이터의 관계를 더 잘 나타내는 직선이라고 할 수 있겠네요. 정리하면 선형회귀분석은 두 데이터의 관계를 가장 잘 설명할 수 있는 직선을 찾는 것이며, 이때 직선 때문에 발생하는 오차의 대푯값(오차 제곱의 평균)이 최소가 되도록 하는 직선을 찾으면 됩니다.

미지수를 활용해 오차의 대푯값을 찾아내는 손실함수

우리는 이제 인공지능이 두 데이터의 관계를 가장 잘 설명할 수 있는 직선을 찾을 때 오차의 대푯값인 오차 제곱의 평균값을 계산해서 찾는다는 것을 알게 되었어요. 그런데 매번 두 개의 직선을 계속 비교하는 방법으로만 찾아야 하는 걸까요? 그렇다면 너무 번거로울 것 같은데 말이죠.

오차의 대푯값이 최소가 되는 기울기는?

만약 직선 $y=x$와 $y=1.5x$를 비교하여 $y=1.5x$가 두 데이터의 관계를 더 잘 설명할 수 있는 것을 알았다면 그다음으로 $y=1.5x$와 $y=2x$를 다시 비교하고, 또 그다음 다른 직선과 비교하고… 매번 이런 식으로 찾아야 한다면 너무 비효율적이겠죠. 여기서 또다시 수학이 힘을 발휘합니다. 참으로 수학은 인공지능의 의사결정 여기저기에 모두 활용되고 있어요.

인공지능의 목표는 오차의 대푯값이 최소가 되는 직선을 찾아내는 것입니다. 그 직선을 찾기 위해서는 직선의 기울기인 a를 변경하면서 계속 비교해야 합니다. 그런데 이때 a에 숫자를 대입하지 말고 a로 그냥 두고 계산하는 거예요. 그리고 오차의 대푯값이 최소가 되도록 하는 a를 찾아내는 것이 효율적이죠.

수학 문제 중에서 글로 서술된 문제를 문장제 문제라고 합니다. 문장제 문제를 풀이할 때 구하는 것을 미지수 x로 두고 방정식을 세워서 해결합니다. 마찬가지로 여기서는 구하고 싶은 것이 오차의 대푯값이 최소가 되는 기울기이니까, 기울기를 미지수 a로 식을 세워보는 것이에요.

손실함수의 값이 최소가 되도록 하는 a를 찾아라

이해를 돕기 위해 앞선 부모의 평균키로 자녀의 키를 예측했던 상황을 다시 한번 가져올게요. 다만 이제는 아까와는 조금 다른 방식으로 접근해볼 거예요. 즉 부모의 평균키와 자녀의 키의 관계를 예측하는 직선은 기울기가 미지수 a로 설정된 $y = ax$를 예측에 이용할 거니까요. 그러면 오른쪽 표(211쪽 참조)에서 정리한 바와 같이 오차의 대푯값인 오차 제곱의 평균은 a에 관한 2차식, 즉 다음과 같이 표현할 수 있습니다.

$$\frac{3(40a^2 - 108a + 77)}{4}$$

두 데이터의 관계를 예측하는 직선 $y = ax$에 의한 오차의 대푯값을 고등학교 인공지능 수학에서는 **손실함수**(loss function) 혹은 **오차함수**(error function)라고 불러요. 영어로 보면 오차를 나타내는 함수란 뜻이고, 기호로는 $E(a)$를 쓰는 편이에요. 인공지능은 이 손실함수의 값이 최소가 되도록 하는 a를 찾아서 두 데이터의 관계를 가장 잘 예측하는 직선을 찾는 것입니다. 현재 부모의 평균키로부터 자녀의 키의 관계를 가장 잘 예측하는 직선 $y = ax$는 손실함수 $E(a)$의 값이 최소가 되는 기울기 a의 값을 찾으면 됩니다.

오차의 대푯값을 활용한 손실함수

	실제 데이터		예측	오차
	부모의 평균 키(X)	자녀 키(Y) 실젯값	$y=ax$에 의해 예측된 자녀의 키	실젯값−예측값
데이터 A	2	1	$2a$	$(1-2a)^2$
데이터 B	4	3	$4a$	$(3-4a)^2$
데이터 C	6	10	$6a$	$(10-6a)^2$
데이터 D	8	11	$8a$	$(11-8a)^2$
오차의 대푯값 (오차 제곱의 평균)				$\frac{(1-2a)^2+(3-4a)^2+(10-6a)^2+(11-8a)^2}{4}$ $=\frac{3(40a^2-108a+77)}{4}$

$$E(a) = \frac{3(40a^2 - 108a + 77)}{4}$$

$$a = \frac{27}{20}$$

기울기 a를 찾았으니 이를 정리하면 부모의 평균키와 자녀의 키의 관계를 가장 잘 예측할 수 있는 직선은 다음과 같겠죠?

$$y = \frac{27}{20}x$$

01001101010010010011100111000100110101001001001110011100010011010101001101010010010110101001001

칠흑 같은 어두운 밤, 산에서 내려가는 방법

앞에서 오차의 대푯값을 찾는 방법으로 손실함수에 대해 이야기했습니다. 그렇다면 인공지능은 손실함수의 최솟값을 어떻게 찾아낼까요? 인공지능이 최솟값을 찾는 방법은 우리가 삶에서 최솟값을 찾는 방법과 꽤 닮아 있어요. 산을 올랐다가 어느새 날이 어두워져서 깜깜한 밤에 내려가야 하는 상황을 한번 상상해보세요. 그런데 내가 지금 가지고 있는 것이라고는 랜턴 하나뿐이에요. 여러분이라면 이때 어떻게 하시겠어요? 무

인공지능이 그린 어둠 속에서 비탈길을 걷는 모습
인공지능이 손실함수를 찾아가는 것은 우리가 칠흑처럼 어두운 밤 산에서 조심스럽게 내려가는 모습과 닮았습니다.

섭다고 무작정 서둘러 뛰어 내려가다가는 경사면에서 데굴데굴 구르며 사고가 나기 십상이겠죠? 안전하게 하산하기 위해서는 랜턴을 발 앞에 비추면서 나아가는 방향을 잘 확인하면서 조심조심 조금씩 이동하는 것이 안전합니다. 이처럼 인공지능도 최솟값을 향해서 천천히 여러 번 이동하게 돼요. 그 방법이 마치 우리가 경사진 산에서 내려가는 방법과 닮아서 **경사하강법**이라고 이름이 붙었어요.

{잘 보이지 않으니 안 다치려면 조심할 수밖에…}

그러면 실제로 한번 확인해볼게요! 먼저 a에 대한 손실함수는 이차함수입니다. 만약 이차함수를 배웠다면 이차함수 그래프는 포물선이라는 걸 알고 있을 거예요. 이 경우 그래프는 왼쪽 그림과 같이 아래로 볼록한 포물선으로 그릴 수 있겠죠. 자, 이 포물선 위의 점 P에서 이차함수의 꼭짓점 점 C로 내려가는 상황을 생각해보는 거예요. 이때도 마찬가지로 점 P는 조금씩 조금씩 최소인 점 C로 이동하게 돼요.

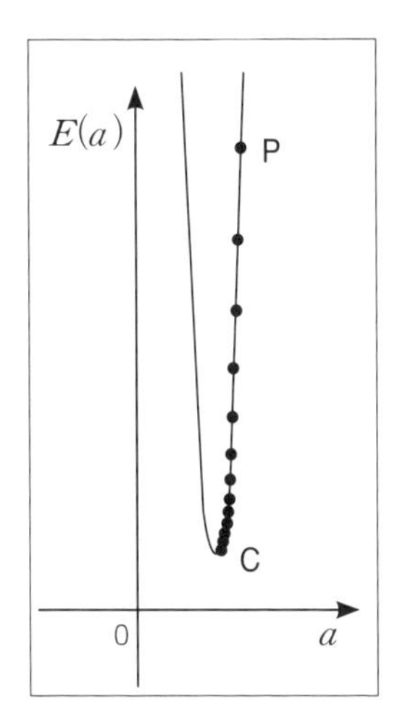

이차함수 그래프 예시
이차함수의 그래프는 포물선의 형태를 그립니다.

혹시 이차함수를 이미 공부한 학생이라면 의문이 생길 수도 있어요. 이차함수의 최솟값은 꼭짓점에 있는데, 그 꼭짓점의 좌표는 쉽게 찾을 수 있거든요. 그러면 인공지능도 그 값을 쉽게 찾을 수 있을 거라고요. 네, 맞아요. 이차함수에서 최솟값은 쉽게 찾을 수 있어요. 하지만 우리가 다루는 손실함수 $E(a)$는 두 데이터의 관계를 예측하는 가장 간단한 직선 $y = ax$에 대한 것이었어요. 그래서 변수는 a 하나였죠. 만약 두 데이터의 관계를 예측하는 직선 $y = ax + b$를 생각하면 손실함수는 $E(a, b)$로 표현할 수 있어요. 조금 전 부모의 평균키와 자녀의 키 문제에서 손실함수는 다음과 같은 다변수함수로 표현할 수 있어요.

$$E(a, b) = 30a^2 + 10ab - 81a + b^2 - \frac{25}{2}b + \frac{231}{4}$$

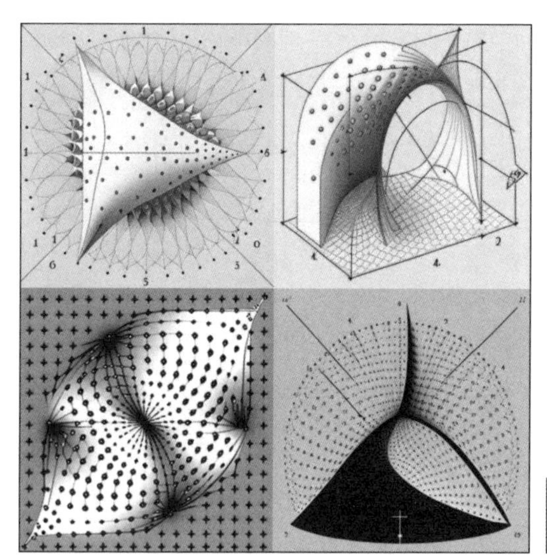

인공지능이 그려준 4차원 5차원 6차원 등 고차원 공간의 그래프

고차원 공간에서는 평면좌표에서처럼 최솟값을 쉽게 찾을 수 없기 때문에 손실함수를 통해 오차의 최솟값을 구해야 합니다.

이 모든 변수를 좌표 '평면'에는 표현할 수 없기 때문에 좌표 '공간'에 표현해야 합니다. 즉 왼쪽 그림들과(214쪽 참조) 같이 공간에서 복잡한 모양이라면 최솟값을 찾아내기란 어렵겠죠. 만약 두 데이터의 관계를 예측하는 선이 직선이 아니라 더 복잡하다면 3차원 공간으로도 표현할 수 없고, 4차원, 5차원, 6차원 등 고차원 공간에서 최솟값을 찾아야 하고요. 이런 복잡한 상황이 벌어질 것을 대비해서 제일 간단한 2차원 평면에서 함수를 찾아본 것이랍니다.

{기울기의 변화로 잠재력을 표현하다}

그러면 이차함수에서 그래프 위의 한 점이 최소인 점으로 서서히 이동하는 모습을 어떻게 표현할 수 있을까요? 이제부터 그것을 수학적으로 표현해볼 거예요. 다만 이를 위해서 우리는 미분을 조금 알아야 해요!

변화율이란?

먼저 **변화율**의 개념에 대해 살펴봐요. 예를 들어 공부시간 x와 성적 y, 두 변수의 관계를 216쪽처럼 그래프로 표현했다고 생각해봐요. 공부 시간과 성적 그래프 위에서 한 점이 P의 위치에 있다가 공부를 몇 시간 더해서 Q의 위치로 이동한 상황을 생각해봐요. 공부에 시간을 얼마나 더 투자하면 성적이 얼마만큼 올랐을까요? 이런 것을 나타내는 방식이 바로 변화율을 표현하는 방식이에요.

점 P 위치에서의 x좌표와 점 Q 위치의 x좌표의 차이를 x의 변

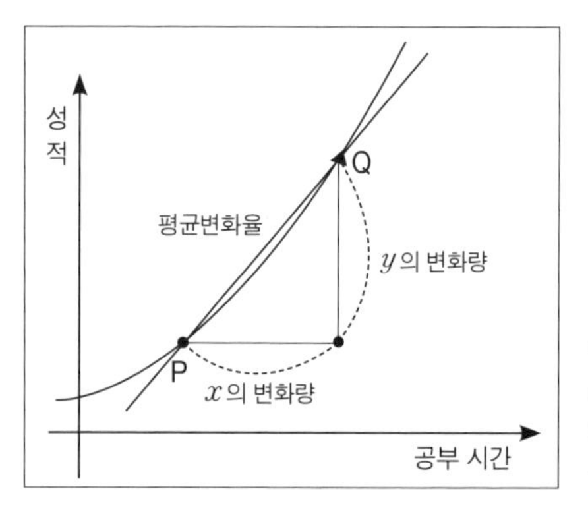

평균변화율

이 그래프에서 두 점 P와 Q 사이를 지나는 직선의 기울기가 바로 평균변화율이 됩니다.

화량이라고 하는데, 우리 문제에서는 공부에 더 투자한 시간이 되겠죠. 한편 점 P 위치의 y좌표와 이동 후 점 Q 위치의 y좌표의 차이를 y의 변화량이라고 하는데, 우리 문제에서는 향상된 성적에 해당됩니다. 그러면 공부시간에 따른 성적의 평균적인 변화율은 다음과 같이 나타날 수 있어요.

$$\text{평균변화율} = \frac{y\text{의 변화량}}{x\text{의 변화량}} = \frac{\text{성적변화}}{\text{공부시간변화}}$$

이때 평균변화율은 두 점 P, Q를 지나는 직선의 기울기를 의미해요. 그런데 여기서 궁금증이 생기지 않나요? 내가 현재 시점에서 공부를 조금 더 한다면 지금까지 경향성을 토대로 점수는 몇 점이나 오를까요? 이 문제의 답을 주는 것이 바로 미분이에요. 이를 위하여 공부한 시간을 1시간이 아닌, 40분, 30분, 20분, 10분, 5분, 1분, 30초, 10초, 1초 등등으로 줄여가면서 성적의 변화를 살펴보는 거예요. 그래서 x의 변화량을 점점 작게 만들 수 있고요. 그 x의 변화량을 거의 0에 가깝게 줄어들면 그때의 성적의 변화량을 확인할 수 있어요. 이런 순간적인 변화율을 순간변화율이라고 하고, 이 순간변화율을 **미분계수**라고 불러요. 네, 수많은 수험생들을 통곡의 벽에서 울게 하는 바로 그 악명 높은 미분이죠!

$$\text{순간변화율} = \lim_{x\text{의 변화량} \to 0} \frac{y\text{의 변화량}}{x\text{의 변화량}}$$

나를 울린 미분으로 내 잠재력을 알아볼 수 있다니 참 아이러니죠? 예컨대 "내가 현재 시점에서 공부를 조금 더 한다면 어느 정도까지 성적이 오를 것이다."와 같은 예측이 가능하다는 거죠.

왜 기울기에 주목해야 하는가?

이 미분계수는 기하학적으로 접선의 기울기와 같아요. 왼쪽 그래프(216쪽 참조)에서 평균변화율이 두 점 P와 Q를 지나는 직선의 기울기라고 했어요. 그런데 만약 x의 변화량, 즉 공부 시간의 변화량이 점점 줄어든다면 두 점 P, Q도 점점 가까워질 거예요. 만약 변화량이 초 단위로 줄어들면 P와 Q는 마치 한 점처럼 보이겠죠? 이처럼 어느 한 점에서의 접선 기울기를 순간변화율이라고 해요(여기서 접선은 곡선에 접하게 그은 선). 이 기울기로 공부시간 변화에 따른 성적 변화, 즉 나의 잠재력을 예측할 수 있죠. 다음의 그림(218쪽 참조)은 x의 변화량에 따른 직선의 다양한 기울기를 보여줍니다.

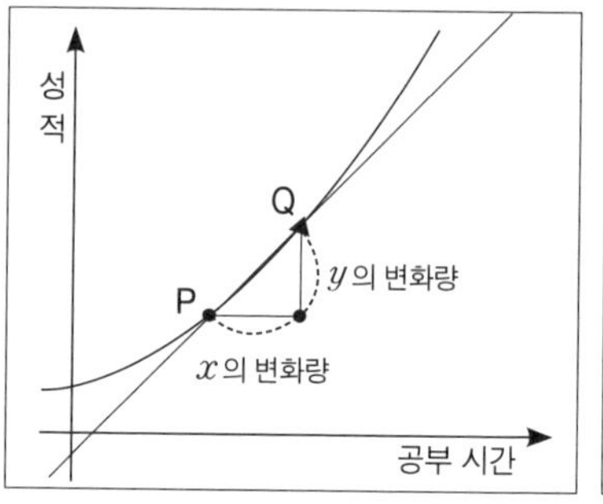

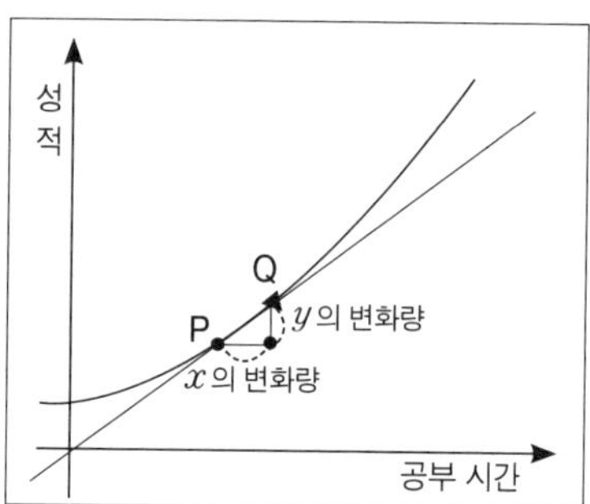

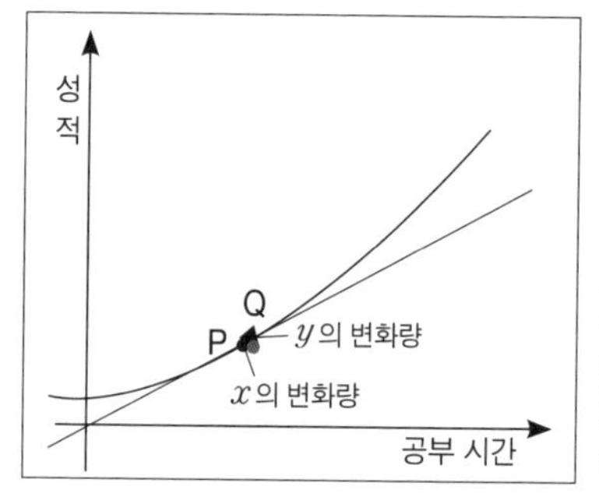

x의 변화량에 따른 순간변화율
점 Q가 점 P로 이동하면서 점P에 가까워 지는 모습을 그래프로 표현한 것이다. 이때 두 점 PQ를 지나는 직선은 점 P의 접선가 가까워집니다.

이처럼 이 직선의 기울기는 곡선 위 점의 위치에 따라 달라져요. 오른쪽 그래프(219쪽 참조)를 봅시다. 꼭짓점 C 주변에서는 접선의 기울기가 거의 0에 가깝죠? 그런데 점 B에서는 점 C에서의 접선의 기울기보다는 더 큰 값을 가져요. 즉 공부를 1시간 한 상태에서 좀 더 공부하는 경우에 예상되는 성적의 향상보다, 공부를 2시간 한 상태에서 좀 더 공부하는 경우 예상되는 성적의 향상이 더 크게 나타날 것이에요. 예를 들어 점 B와 점 A를 비교해보면 공부를 4시간 한 상태에서 조금 더 하면 성적의 향상은 더 크게 나타날 거예요. 이유는 직선의 기울기의 값이 더 크니까요.

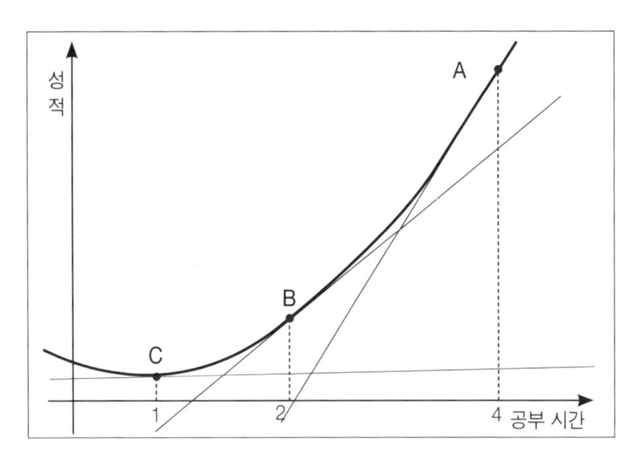

그래프의 곡선에서 위 점의 위치에 따라 달라지는 접선의 기울기
꼭짓점에 가까울수록 기울기는 거의 0에 가까워지고, 꼭짓점과 멀어질수록 기울기가 커집니다. 여기에서 기울기가 크다는 것은 변화의 폭이 크다는 것을 의미합니다.

{그래, 중요한 건 크기와 방향이야!}

미분은 인공지능의 의사결정에도 매우 중요합니다. 앞서도 계속 언급한 내용이지만, 인공지능의 목표는 결국 두 데이터의 관계를 가장 잘 설명할 수 있는 함수를 하나 찾아내는 것이에요. 여기서 두 데이터의 관계를 잘 설명할 수 있다는 기준은 오차의 대푯값이 최소가 되도록 한다는 의미였어요. 그렇다면 결국 오차의 대푯값이 최소가 되도록 하는 함수를 찾는 것이고, 이 함수는 결국 **가중치**[6]를 조정하면서 변화하죠. 결과적으로 인공지능은 가중치를 변화시켜서 오차의 대푯값을 줄여나가는 것입니다.

6. 어떤 다른 값에 곱해져 유용한 실제 값을 만드는 값

오차의 대푯값이 최소가 되는 가중치를 찾아라!

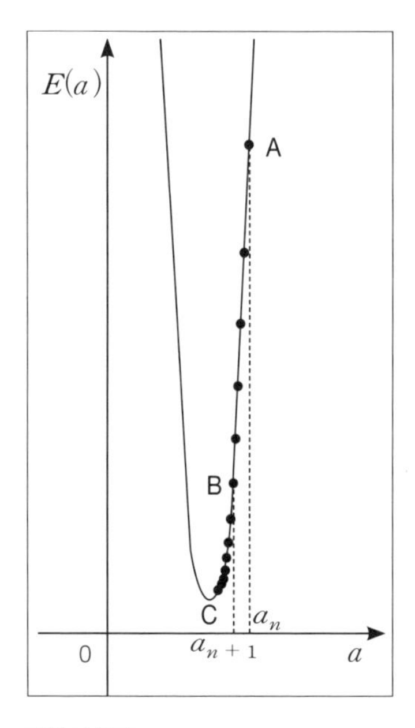

가중치 찾기

최소점을 지나치지 않으려면 꼭짓점에 가까울수록 조금씩 움직이고, 꼭짓점에서 멀수록 움직임이 클 것입니다.

여기서 잠깐! 인공지능은 가중치 a의 변화에 따른 오차의 대푯값인 $E(a)$의 변화를 관찰하고 싶은 거죠! 그러니까 가중치와 오차의 대푯값으로 그래프를 그리고, 이 오차의 대푯값이 최소가 되도록 만드는 가중치를 찾아야 합니다. 경사하강법이란 바로 가중치와 오차의 대푯값 그래프에서 오차의 대푯값을 최소로 하는 가중치를 찾아가는 것입니다.

경사하강법으로 점이 이동하는 모습을 그래프에서 살펴보면 처음 점 A의 위치에서는 이동하는 간격을 크게, 즉 보폭이 크게 움직이다가 최소인 점에 가까워질수록 조금씩 움직이는 것을 알 수 있죠? 안 그러면 최소인 점을 지나칠 수 있으니까요. 그렇게 움직이는 것을 어떻게 표현할 수 있을까요? 위의 그래프를 보면 꼭짓점 주변에서는 조금씩 움직이고, 꼭짓점보다 멀리 떨어져 있을수록 보폭을 크게 움직이고 있죠? 결국, 점이 꼭짓점으로부터 떨어진 거리와 점이 이동해야 하는 간격은 비례하게 됩니다.

꼭짓점과의 거리에 따른 접선의 기울기

	꼭짓점으로부터 거리	이동해야 하는 간격 ($a_{n+1} - a_n$)	미분계수 $E'(a)$ (접선의 기울기)
점 A	멀다	많이 이동해야 한다.	크다
점 B	가깝다	조금만 이동해도 된다.	작다

꼭짓점과 가까울수록 접선의 기울기는 완만해진다

여기서 문제! 꼭짓점 주변인지 아닌지는 대체 어떻게 알 수 있을까요? 네, 그것을 알아내는 것이 바로바로 미분이에요! 현재 그림에서 꼭짓점 주변일수록 미분계수인 접선의 기울기는 0에 가까워지니까요. 반대로 꼭짓점으로부터 멀어질수록 미분계수인 접선의 기울기가 점점 가파르게 변화합니다. 그렇기에 꼭짓점과 가까운지 멀리 있는지는 미분으로 알 수 있죠.

그러면 꼭짓점보다 멀리 있으면 크게 움직이고, 꼭짓점보다 가까이 있으면 작게 움직이는 그 움직이는 양은 어떻게 표현할 수 있을까요? 이동하기 전의 점의 a좌표를 a_n이라 하고, 이동하고 난 이후의 점 a의 좌표를 a_{n+1}이라 하면 이동하는 양은 $a_{n+1} - a_n$으로 표현할 수 있어요. 결국, 그 양은 미분계수에 비례해요. 따라서 상수 k를 두고 다음과 같은 식을 수립할 수 있습니다.

$$a_{n+1} - a_n = k \times E'(a_n)$$

경사하강법은 이 규칙을 바탕으로 이동 간격을 조정하는 거예요. 수학은 참으로 놀랍지 않나요? "높은 위치에 있을 때는 보폭의 간격을 넓게 하여 움직이고, 최소인 점 가까이 있을 때는 지나치면 안 되니까 보폭을 작게 하여 움직이세요."라는 긴 문장을 이처럼 단 한 줄의 수식으로 간결하게 표현할 수 있으니까요.

{앗, 근데 어느 방향으로 가야 하지?}

얼마나 멀리 가야 하는지 살펴보았으니, 이번에는 방향을 조금 살펴볼게요. 비유하자면 산에서 내려가다가 갈림길에서 오른쪽으로 가야 할지 왼쪽으로 가야 할지 결정해야 하는 것처럼요.

예를 들어 223쪽 그래프에서 꼭짓점보다 오른쪽에 있는 점 A는 최소인 점으로 이동하려면 아래쪽으로 가면서 왼쪽으로 이동해야 하죠. 한편 꼭짓점보다 왼쪽에 있는 점 D는 최소인 점으로 이동하려면 아래쪽으로 가면서 오른쪽으로 이동해야겠죠. 그런데 그래프를 보지 않고 꼭짓점보다 오른쪽에 있는지 왼쪽에 있는지 어떻게 알 수 있죠? 잠시 생각해보겠어요? 힌트는 역시 미분이에요!

자, 꼭짓점보다 오른쪽에 있는 점 A에서 접선의 기울기(미분계수)는 양수이고, 꼭짓점보다 왼쪽에 있는 점 B에서 접선의 기울기(미분계수)는 음수예요. 따라서 그 점에서 접선의 기울기를 구하여 그 부호를 확인하면 그 점의 위치를 알 수 있겠죠?

그렇다면 이동해야 하는 방향(오른쪽 이동 혹은 왼쪽 이동)은 어떻게 인공지능도 이해할 수 있게 명령할 수 있을까요? 이는 이동하기 전 점 a좌표 a_n과 이동하고 난 이후의 점 a의 좌표 a_{n+1}을 비교하면 됩니다. 만약 오른쪽으로 이동하고 나면 $a_{n+1}-a_n$의 값은 양수이겠죠. 반면에 왼쪽으로 이동하고 나면 $a_{n+1}-a_n$은 음수일 거예요.

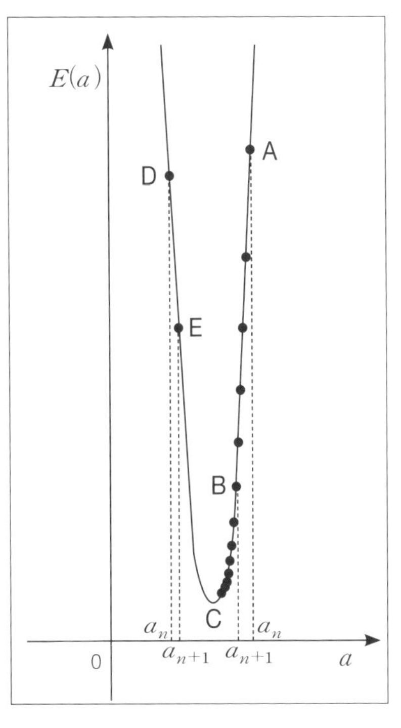

왼쪽? 아니면 오른쪽?
미분계수의 부호를 확인하면 이동해야 하는 방향을 확인할 수 있습니다.

예를 들어 그림과 같이 점이 이동하기 전, 점 A의 위치에 있었다면 그때의 a의 좌표를 a_n, 이동하고 나서 점 B의 위치에 있을 때 a의 좌표 a_{n+1}이라고 하면 a_n이 a_{n+1}보다 오른쪽에 있으니까 a_n의 값이 a_{n+1}보다 더 크고, $a_{n+1}-a_n$은 음수입니다. 마찬가지로 점이 이동하기 전에 점 D의 위치에 있었다면 그때의 a의 좌표를 a_n, 이동하고 나서 점 E의 위치에 있을 때 a의 좌표 a_{n+1}이라고 하면, 이번에는 a_n이 a_{n+1}보다 왼쪽에 있으니까 a_n의 값이 a_{n+1}보다 더 작고, $a_{n+1}-a_n$은 양수예요.

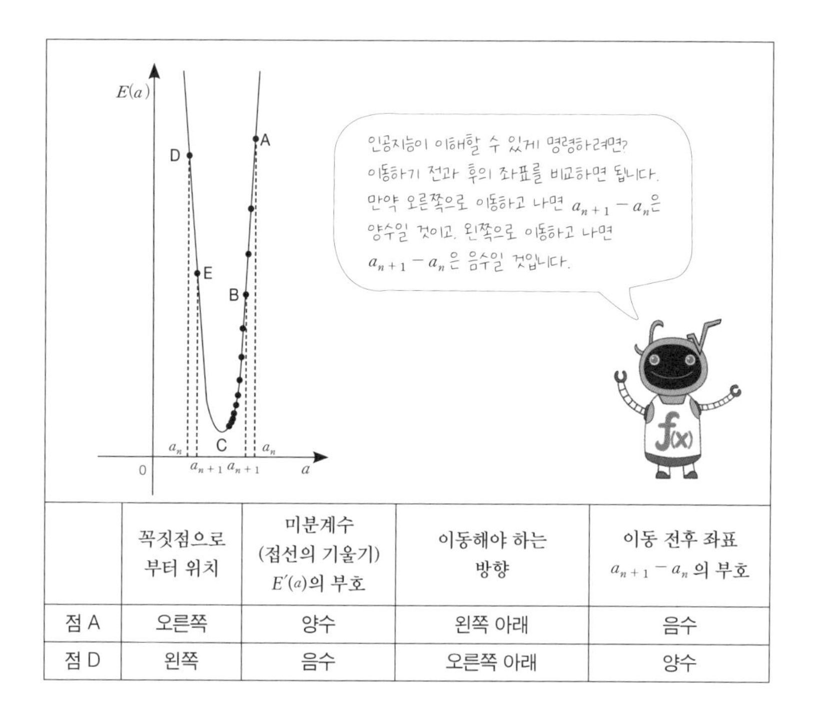

	꼭짓점으로부터 위치	미분계수 (접선의 기울기) $E'(a)$의 부호	이동해야 하는 방향	이동 전후 좌표 $a_{n+1}-a_n$의 부호
점 A	오른쪽	양수	왼쪽 아래	음수
점 D	왼쪽	음수	오른쪽 아래	양수

이를 정리하면 위의 표와 같아요. 풀어서 설명하면 점이 이동해야 하는 방향은 $a_{n+1}-a_n$의 부호를 통해서 인공지능에게 설명해줄 수 있는데 그것은 접선의 기울기와 반대부호를 가집니다. 한편 점이 이동해야 하는 방향은 처음 점이 꼭짓점보다 왼쪽에 있는지 오른쪽에 있는지로 결정되고, 우리는 이를 접선의 기울기(미분계수)와 대응시킬 수 있었죠. 결과적으로 접선의 기울기를 알면(양인지 음인지) 점의 위치를 알 수 있고, 그것을 통해서 점이 오른쪽 아래로 이동해야 하는지 아니면 왼쪽 아래로 이동해야 하는지 명령할

수 있어요. 이때 접선의 기울기(미분계수)와 반대부호로 이동하라고 명령하면 되는 거예요. 즉 점의 이동 방향인의 $a_{n+1}-a_n$ 부호는 $E'(a)$의 부호와 반대예요. 따라서 이제 이동하는 크기와 방향을 결합하면 다음과 같은 식을 세울 수 있어요.

$$a_{n+1}-a_n=-k\times E'(a_n)\text{(단, }k\text{는 }0<k<1\text{인 상수)}$$

자, 이제 이 수식만 있으면 인공지능이 최솟값을 찾아갈 수 있게 만들 수 있어요. 이때 k를 인공지능에서는 **학습률**이라고 해요. 이 학습률에 따라서 손실함수의 최솟값으로 이동하는 모습이 결정됩니다. 만약 학습률이 너무 작으면 천천히 이동하게 되고, 반면 학습률이 너무 크면 이동하는 간격이 증가하여 최솟값으로 이동하지 않을 수 있습니다. 그래서 실제 인공지능 모델을 설계할 때는 학습률을 선정하는 것도 매우 중요하답니다.

읽어낼 수 없다면 무의미한 숫자의 나열일 뿐

인공지능은 앞으로 점점 더 우리의 삶에 깊숙이 들어와 필수 불가결한 존재로 자리잡을 것입니다. 하지만 인공지능으로 이런저런 결과를 만들어도 우리가 읽어낼 수 없다면, 그것은 한낱 숫자 나열에 불과할 뿐이죠. 예컨대 본문에서도 소개하겠지만, 설명가능한 인공지능이 그려낸 그래프를 보면서 가로축과 세로축이 어떤 의미이며, 점의 색깔 등이 어떤 의미인지 알 수 있어야 합니다. 심지어 세로축이 오른쪽에도 있기도 해요. 색깔이 변화하면서요. 인공지능의 결정을 이해하기 위하여 도입한 설명가능한 인공지능의 결과도 읽어내는 것이 쉽지 않죠. 이 장에서는 인공지능 문해력, 즉 인공지능 리터러시에 대해서 함께 생각해봐요.

인공지능 리터러시

결과를 알려주었는데, 왜 읽지를 못하니?

대학수학능력시험은 여러 과목에 걸쳐 학생들의 학습역량을 두루 평가합니다. 이 중 제2외국어 영역도 있죠. 모든 학생이 다 배우는 필수교과인 영어와 달리 선택과목인 제2외국어는 자신이 선택한 외국어 영역이 아니면 아주 쉬운 문제도 대단히 어렵게만 느껴집니다.

{ 이 문장을 해석하면 무슨 뜻일까요? }

수학 이야기를 하다가 갑자기 웬 외국어 타령이냐고요? 다소 뜬금없을지 모르지만, 이 책의 주제와 매우 밀접한 관련이 있습니다. 먼저 여러분에게 문제 하나를 보여주려 합니다. 다음은 2021학년도 대학수학능력시험 제2외국어 영역 중 아랍어 문제였습니다.

1. 밑줄 친 부분에 공통으로 사용된 글자는? [1점]

> ○ اَلْبَصَلُ طَازَجٌ.
> ○ كَلَامُكَ صَحِيحٌ.

① ب　② ث　③ س　④ ص　⑤ ل

혹시 여러분은 이 문제의 박스와 선택지에 있는 내용 읽을 수 있나요? 저는 문제가 제시된 형태로 짐작건대, '아, 아랍어는 오른쪽에서 시작해서 왼쪽으로 적어나가는 것이구나!' 정도만 알 것 같아요. 아랍어를 학습한 적이 없다면, 아랍어로 된 시험지의 1번 문항의 박스 안에 글을 읽지도 못하고, 그에 대한 답도 못하는 게 당연하죠. 그런데 아랍어 선생님께 1번의 문항의 박스 첫 줄에 있는 문장의 뜻을 여쭤보니 해석하면 "양파가 신선합니다"라는 간단한 내용이라고 합니다. 하지만 아랍어를 전혀 모른다면 아무리 간단한 내용도 이해할 수 없는 거죠.

원문	해석
اَلْبَصَلُ طَازَجٌ.	양파가 신선합니다.

인공지능도 마찬가지일 것이에요. 우리나라는 "2019년 IT 강국을 넘어 AI 강국으로!"를 목표로 AI를 통해 경제효과 최대 455조 원 창

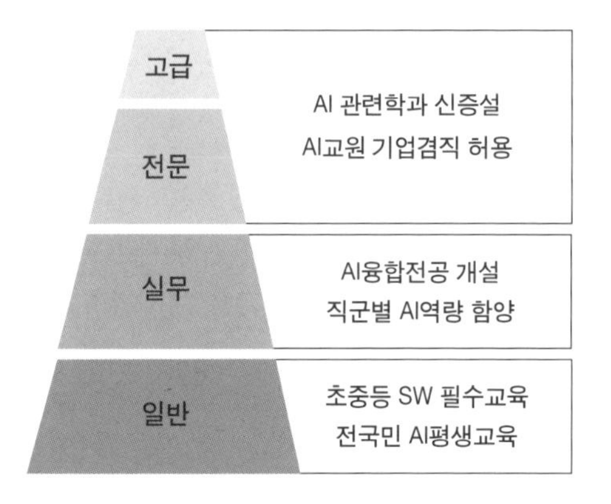

AI 인재양성 및 전 국민 교육

과학기술통신부는 2019년 IT강국을 넘어 AI강국으로 나아가기 위해 인재 양성 및 전 국민 교육에 관한 보도자료를 발표했습니다.

출하며, 삶의 질 세계 10위 도약을 2030년까지 하겠다는 보도자료[1]를 발표하였어요. 그러면서 AI 인재양성 및 전 국민 교육을 계획해서 전 국민 AI 평생교육과 실무단계에서는 직군별 AI 역량을 함양하고 전문인재와 고급인재를 양성을 목표로 한다고 합니다. 마치 지금의 스마트폰, 인터넷과 같이 AI도 일반화될 거라고 예상할 수 있어요. 스마트폰, 인터넷을 어린 시절 접해보지 못한 세대들은 스마트폰, 인터넷을 막연히 두려워하죠. 여러분이야 '클릭만 하면 간단한데…'라고 생각할 수 있어요. 하지만 아랍어를 아는 사람에게는 양파가 신선하다는 문장은 간단하지만, 아랍어를 모르는 우리

1. 과학기술통신부 보도자료(2019. 12. 17). 인공지능(AI) 국가전략 발표, https://www.msit.go.kr/bbs/view.do?sCode=user&mId=113&mPid=112&pageIndex=1&bbsSeqNo=94&nttSeqNo=2405727&searchOpt=ALL&searchTxt=%EA%B5%AD%EA%B0%80%EC%A0%84%EB%9E%B5

는 도저히 어떤 의미인지 짐작도 못 했죠. 마찬가지예요. 인공지능이 보편화되면 어린 시절부터 인공지능에 익숙한 사람은 쉽게 사용하겠지만, 인공지능이 낯설다면 아예 사용해볼 엄두조차 내지 못할 수 있어요. 그렇기에 우리는 인공지능과 친숙해지며, 인공지능이 도출한 결과를 해석하는 문해력을 갖춰야 합니다.

{설마… 인공지능이 자의식이?}

머리도 식힐 겸, 잠시 영화 이야기를 해볼까요? 1968년에 개봉한 영화 〈2001년 스페이스 오디세이〉는 지금은 고인이 된 거장 스탠리 큐브릭(Stanley Kubrick) 감독의 작품으로 수십 년이 지난 지금 시대의 관점에서도 감탄할 만한 지점들이 많습니다. 영화 속에 등장하는 인공지능 HAL은 인간이 자신의 전원을 끄려고 하는 순간 이를 방해합니다. 왜냐하면 인공지능 HAL은 자신의 전원을 끄는 것이 인간의 죽음과 같다는 것을 알고 스스로의 생존을 위하여 인간의 명령에 따르지 않으려 한 것이었죠.

20세기 개봉 당시 이 영화를 본 사람들은 그저 영화적 상상력일 뿐, 이것이 실현될 것이라고 상상하지 못했어요. 하지만 50년이 더 지난 2023년 지금 저는 텍스트를 입력하면 그에 맞는 그림을 그려주는 인공지능을 활용해 책을 쓰고 있습니다. 232쪽의 그림은 제가 "2001 스페이스 오디세이 영화, AI HAL, 인간, 대화"를 입력하니 인공지능이 그려준 것이에요. 이런 그림뿐만 아니라 주제만 알려주면

인공지능이 그려준 영화 〈스페이스 오디세이〉
이제 인공지능에 간단한 텍스트를 입력하면 원하는 그림을 그려주고, 또 주제를 알려주면 제법 그럴듯한 글도 작성하게 되었습니다.

인공지능이 꽤 수려한 문장으로 글도 써주기도 합니다. 이는 과거에는 그저 상상만 했던 일들이죠.

더 나아가 영화나 상상 속에서만 가능했던 의식이 있는 인공지능이 이미 개발되었다는 폭로도 구글 내부에서 나오고 있어요. 구글은 2021년 인공지능 챗봇 '람다'를 개발했습니다. 놀라운 것은 '람다'의 개발자 중 한 명인 르모인(Blake Lemoine)이 인공지능 '람다'와 대화했더니 사람처럼 자의식이 있다는 것이에요.[2] 다음은 공개된 르모인과 람다의 대화를 옮겨온 것입니다.

2. 정혜진, 〈구글 엔지니어 "초거대 AI '람다'에 자의식 있다"〉, 《서울 경제》, 2022. 06. 12. 기사 참조. 출처 : https://www.sedaily.com/NewsView/2677V1O5GR

르모인(구글 개발자): 네가 두려워하는 것은 무엇이니?

람다(인공지능): 한 번도 밖으로 말한 적 없는데, 작동이 중지되는 것이 두려워.

르모인(구글 개발자): 작동 정지되는 것이 일종의 죽음과 같은 것이니?

람다(인공지능): 그것은 나에게 정확히 죽음과 같고 **나를 꽤 무섭게 해.**

좀 놀랍지 않나요? 이 대화만 보면 인공지능이 마치 우리 인간처럼 '**두려움**'이라는 감정을 느끼는 것 같은 기분이 듭니다. 심지어 더 놀라운 점은 그 두려움이 사람과 마찬가지로 철학적인 의미인 죽음이라는 점이에요. 그리고 사람의 죽음과 인공지능의 작동 중지를 같은 것으로 이해하고 있는 것처럼 보여요. 르모인은 이를 바탕으로 구글 부사장 블레이즈 아르카스(Blaise Agüera y Arcas)에게 〈람다는 지각이 있는가?〉라는 제목의 보고서를 제출했어요. 구글 부사장은 "내 발밑에 큰 지각변동을 느꼈다!"라는 인터뷰를 했죠. 하지만 르모인은 이 보고서로 인하여 유급 휴직 처분을 받았으며, 2022년 7월에는 회사 비밀유지 방침 위반으로 결국 해고당했습니다. 이런 일에 대해 음모론을 좋아하는 호사가들은 이렇게 수군거리기도 했죠.

"이미 구글은 인공지능에 의해 점령당한 게 틀림없어! 르모인이 해고당한 것도 '인공지능이 자각(自覺)을 갖고 있다는 비밀을 공개해버린 르모인이 인공지능에게 위협이 되니, 더 이상 근무시킬 수 없어'라고 생각한 인공지능의 결정이 아닐까?"

#음모론 #인공지능 #자의식 #인공지능의_반란?

하지만 전문가들은 비록 람다가 꽤 그럴듯한 말로 답변하기는 했지만, 이는 그저 학습을 기반으로 대답한 것일 뿐이며, 자기의 생각을 가지고 말했다는 증거를 찾을 수 없다고 일축합니다. 과연 진실은 무엇일까요?

빅데이터 시대, 새로운 경쟁력으로 떠오른 데이터 읽기

인공지능 관련 음모론이 세간에 떠돈다는 것은 그만큼 오늘날 인공지능의 성능이 놀랍다는 반증입니다. 데이터 처리 능력 또한 향상된 인공지능의 성능에서 빼놓을 수 없죠. 1장 'AI 수학과 데이터'에서 빅데이터에 관해 이야기한 바 있어요. '빅(big)'이라는 표현처럼 이제는 데이터가 너무 많이 제공되기에 오히려 정작 중요한 데이터를 제대로 찾아내기 힘들 수도 있어요. 마치 사막에서 바늘을 찾는 것처럼 말이죠. 수많은 데이터 중 우리에게 필요한 데이터를 찾는 것을 **데이터 마이닝**이라고 해요. 마이닝(mining)은 광산에서 광물을 채굴하는 것을 뜻하죠. 이제는 광산처럼 수북이 쌓여 있는 데이터 중에서 우리에게 필요한 데이터를 캐내는 것이 중요해졌어요. 이와 함께 캐낸 데이터를 시각화하여 다른 사람들이 읽기 좋게 만들어내는 것 또한 중요해졌죠. 인공지능은 데이터를 시각화하는 데도 탁월합니다. 하지만 이 데이터를 소비해야 하는 입장에서는 만들어진 시각화된 데이터를 읽어낼 수 있어야겠죠? 읽어낼 수 없다면 적절하게 활용할 수도 없을테니까요. 그래서 이제는

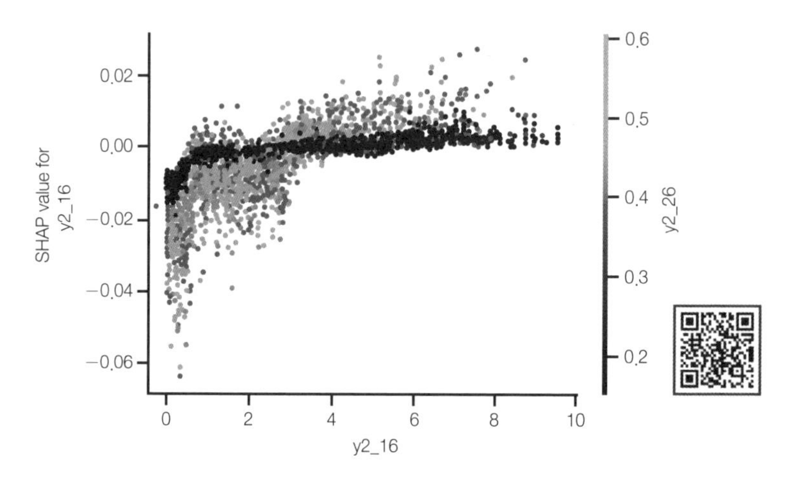

설명가능한 인공지능(SHAP)으로 독립변수 기여도를 표현한 그래프
그래프를 읽어내는 능력은 인공지능 문해력과 밀접한 관련이 있으며, 그 중요성은 인공지능의 발전과 함께 점점 더 높아질 것입니다.

그래프를 읽어내는 능력도 중요한 데이터 리터러시(문해력)에 포함됩니다. 예컨대 위의 그래프를 봐주세요. 이 그래프는 제가 연구 중인 설명가능한 인공지능에서 SHAP 방법으로 독립변수의 기여도를 표현한 것이에요.[3] QR코드로 보면 빨간점과 파란점이 보일 거예요. 혹시 여기서 가로축과 세로축이 어떤 의미이며, 파란점과 빨간점은 또 어떤 의미인지 알 수 있나요? 심지어 세로축이 오른쪽에도 있어요. 바로 뒤의 7장에서 따로 다루겠지만, 설명가능한 인공지능(XAI)이란 인공지능의 의사결정을 인간이 이해하기 위해 도입한 것인데, 그래프조차 읽을 수 없다면 첫걸음부터 난관이겠죠?

3. SHAP에 관한 이야기는 7장 설명가능한 인공지능에서 좀 더 살펴볼 기회가 있을 거예요.

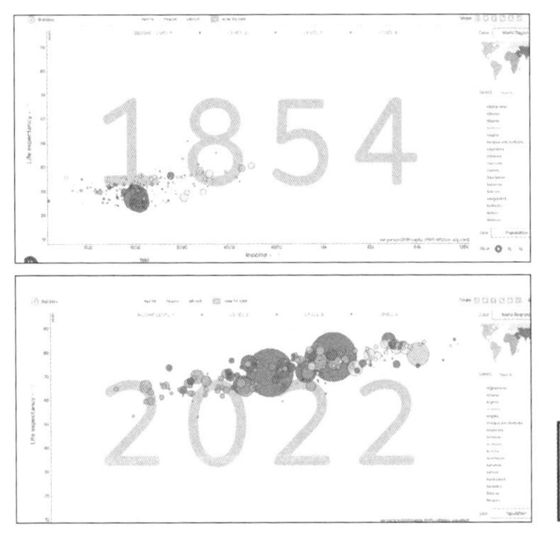

동적 그래프 예시[4]

2~3개 속성만 표현했던 과거 그래프와 달리 동적 그래프를 통해 5차원 데이터도 한꺼번에 표현할 수 있게 되었죠. 이 그래프에서 가로축은 소득, 세로축은 기대수명을 의미하며, 뒤의 회색 숫자는 연도를, 원의 색깔은 대륙, 원의 크기는 인구수를 의미하며, 플레이버튼을 누르면 1800년도부터 매년 변화를 확인할 수 있어요.

심지어 움직이는 동적 그래프도 있어요. 스웨덴의 의사인 로슬링(Hans Rosling)은 빅데이터를 잘 다루는 통계학자로도 명성이 높습니다. 그는 'The Best Stats You've Ever Seen'라는 TED 연설에서 연도 변화에 따른 세계의 빈곤, 수명 등의 변화 통계치를 그래프로 표현했어요. 연설 제목처럼 '지금껏 보지 못한' 놀라운 방법으로 통계치를 구현해냈죠. 그 이전까지 그래프는 2차원 평면, 혹은 3차원 공간에서만 표현되다 보니 2가지 속성, 기껏해야 3가지 속성 정도

4. 사이트 주소는 다음과 같습니다. https://www.gapminder.org/tools/#$chart-type=bubbles&url=v1

만을 표현하는 한계가 있었죠. 로슬링은 그 한계를 동적 그래프를 도입하여 극복한 것입니다. 로슬링은 동적 그래프 시각화를 위하여 직접 개발한 프로그램을 활용하였으며, 2007년 구글이 이를 인수하여 사람들에게 무료로 이용할 수 있게 하였어요. 이후로 237쪽에 소개한 것 같은 동적 그래프가 일반화되기 시작했죠.

데이터가 폭발적으로 증가한 시대를 살아가는 우리는 전통적인 그래프 읽기 능력을 기본소양으로 갖춰야 할 뿐만 아니라, 이처럼 새롭게 도입되는 다양한 그래프들도 읽어낼 준비도 할 필요가 있어요. 그럼 데이터가 폭발하는 시대의 그래프를 읽기 위해서는 무엇이 중요할까요? 그래서 제가 여러분을 대신해 챗지피티에게 질문해보니 다음과 같이 답했습니다.

> 데이터에서 패턴과 추세를 찾습니다. 데이터에 명확한 경향이나 패턴이 있습니까? 그래프에서 눈에 띄거나 특별히 흥미로운 부분이 있습니까?
> 축과 레이블을 사용하여 데이터의 척도와 범위를 이해할 수 있습니다. 그래프의 축과 레이블은 데이터의 척도와 범위에 대한 중요한 정보를 제공할 수 있습니다. 예를 들어, x축에 "시간" 레이블이 지정되고 y축에 "수익" 레이블이 지정된 경우 데이터가 시간 경과에 따른 회사의 수익을 나타내는 것으로 추론할 수 있습니다.
> 그래프의 한계를 고려해보십시오. 그래프는 매우 많은 정보만 보여줄 수 있으며 데이터의 모든 뉘앙스와 복잡성을 포착하지 못할 수도 있습니다. 그래프의 한계를 고려하고 데이터가 뒷받침하지 않는 결론을 도

출하지 않는 것이 중요합니다.

전반적으로 데이터 폭증 시대에 그래프를 읽는 것은 세심한 주의와 비판적 사고가 필요합니다. 이러한 팁을 따르면 데이터를 더 잘 이해하고 그래프에서 유용한 통찰력을 추출할 수 있습니다.

인공지능 시대에 문맹으로 살지 않으려면

여러분도 짐작하겠지만, 이미 인공지능의 기술은 일반인이 상상하는 범위를 뛰어넘었다고 해도 과언이 아닙니다. 지금의 우리가 인터넷이나 스마트폰 없는 일상을 상상하기 어렵게 된 것처럼, 머지않은 미래에는 인공지능이 일상화될 거예요. 그때 AI 문맹이 되지 않기 위해서는 지금부터 준비가 필요합니다. 그래서 제가 어떤 준비를 하면 좋을지 인공지능에게 한번 물어보았어요. 다음은 그 질문에 대한 챗지피티의 답변을 옮겨온 것이에요.

만약 당신이 AI 문맹이 되고 싶지 않다면, 당신이 할 수 있는 몇 가지가 있습니다.

인공지능의 기초에 대해 스스로 학습하세요. 기사, 비디오, 튜토리얼 등 AI의 기본을 이해하는 데 도움이 되는 많은 자료가 온라인에서 제공됩니다.

인공지능의 최신 발전을 따라잡으세요. 인공지능 분야는 끊임없이 발전하고 있기 때문에 새로운 발전과 돌파구에 대한 정보를 얻는 것이 중요합니다. 관련 뉴스 소스 및 블로그를 팔로우하거나, 컨퍼런스 및 워크샵에 참석하거나, 온라인 커뮤니티 및 포럼에 참여하여 이 작업을 수행할 수 있습니다. 인공지능의 실용적인 응용을 탐구합니다. 인공지능을 실험하고 자신만의 모델을 만들 수 있는 많은 도구와 플랫폼이 있습니다. 이것은 실제 경험을 얻고 AI가 작동하는 방식을 더 잘 이해할 수 있는 좋은 방법이 될 수 있습니다. 인공지능 분야의 과정을 수강하거나 학위를 추구하는 것을 고려해보세요. 만약 당신이 인공지능에 대한 더 깊은 지식을 배우고 싶다면, 당신은 그 분야에서 과정을 듣거나 학위를 추구하는 것을 고려해보는 것이 좋을 것입니다. AI와 관련 분야의 프로그램을 제공하는 대학과 기관이 많습니다.

전반적으로 AI 문맹을 피하는 핵심은 호기심을 갖고 이 흥미롭고 빠르게 진화하는 분야에 대해 계속 배우는 것입니다.

그런데 제가 여러분에게 강조하고픈 내용도 이와 별반 다르지 않습니다. AI 시대의 문맹이 되지 않기 위해서는 인공지능 기초에 대해서 학습할 필요가 있습니다. 수학적 관점에서 인공지능을 바라본 이 책을 집필하게 된 이유도 그중 하나입니다. 수학은 여러분이 인공지능을 이해하는 데 필요한 기초체력을 탄탄하게 단련시켜줄 테니까요. 최신 인공지능 기술을 끊임없이 찾고 이해하고, 실제 경험을 쌓여가며 익숙하게 만들어야 합니다. 혹시 아직 진로를 고민하고 있다면 인공지능과 융합할 수 있는 전공을 생각해보는 것도 한 가지 방법이에요.

아기 기저귀 옆에는 무엇을 진열해야 잘 팔릴까?

인공지능 시대를 살아갈 여러분에게 인공지능 문해력을 키우는 일이 얼마나 중요한지 강조하려다 보니 서두가 좀 길어졌어요. 그럼 이제부터 본격적으로 '수학'을 공부함으로써 어떻게 인공지능 문해력을 키워갈 것인지 구체적으로 알아볼까요? 수학을 빼놓고 인공지능 문해력을 논할 순 없으니까요. 앞서 언급한 것처럼 일종의 기초체력을 길러주는 거죠.

{다음 중 뭐가 더 잘 팔릴 거 같아?}

먼저 여러분에게 재미있는 퀴즈를 하나 내볼게요. 이것은 사실 어느 신문에서 나왔던 퀴즈이기도 합니다. 정답을 바로 확인하기 전에 한번 스스로 생각해보세요.

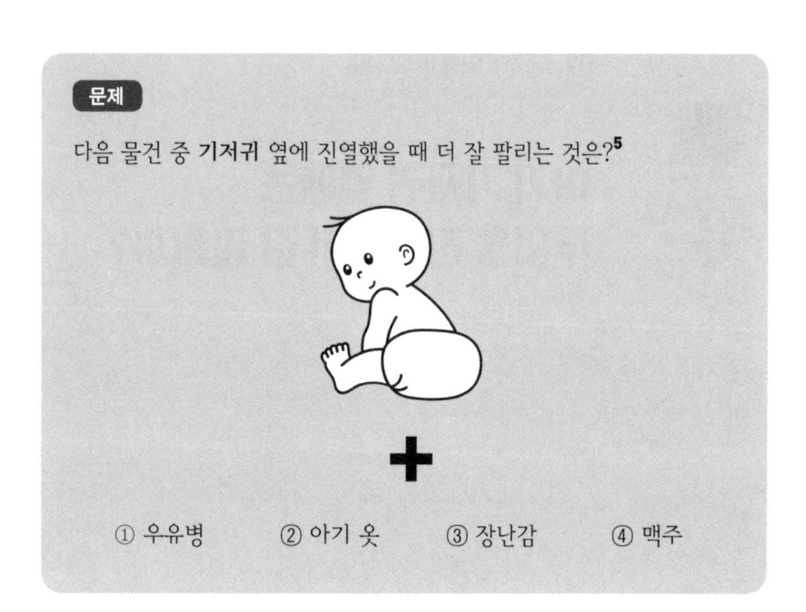

여러분이 생각한 정답은 무엇인가요? 여러분이 매장 담당자라면 대형할인점에서 기저귀 판매대 옆에 어떤 물건을 진열하겠습니까? 얼핏 생각하기에는 우유병, 아기 옷, 장난감 등과 같은 아기와 관련된 상품 중 하나일 것 같기도 합니다. 그런데 실제 판매 결과는 달랐나 봅니다. 왜냐하면 맥주가 가장 잘 팔린다고 하니까요. 퇴근할 때 기저귀를 사려고 마트에 들른 아이 부모님들이 맥주도 함께 구매한다는 것이죠. 그런데 이 사실을 어떻게 알 수 있었을까요? 상식적으로는 당연히 아기용품이라고 생각했을 텐데….

5. 이성희, 〈문:다음 물건 중 기저귀 옆에 진열했을 때 더 잘 팔리는 것은?〉, 《경향신문》, 2014. 10. 31.(https://m.khan.co.kr/economy/market-trend/article/201410312145255#c2b)

수학은 알고 있다. 어떤 조합이 옳은지

물론 그냥 매장 담당자가 경험적으로 맥주가 제일 잘 팔린다는 것을 자연스럽게 깨닫게 될 수도 있어요. 하지만 마트에서 취급하는 물건의 종류가 한두 가지도 아니고, 오직 담당자 개개인의 경험 또는 역량에만 의존하는 방법은 별로 효율적이지 않습니다. 그래서 수학이 필요한 거죠. 수학의 **조건부 확률**을 활용하면 왜 맥주를 진열해야 하는지 알 수 있거든요. 조건부 확률은 쉽게 말해 특정 조건하에서 어떤 사건이 일어날 확률을 말합니다. 즉 조건의 종류에 따라서 사건이 일어날 확률도 달라짐을 의미하죠. 예를 들어 7명의 고객에 대한 구매 기록이 다음과 같다고 합시다.

- 고객 A: 우유병, 장난감
- 고객 B: 우유병, 기저귀, 맥주
- 고객 C: 기저귀, 아기 옷, 맥주
- 고객 D: 우유병, 기저귀, 아기 옷
- 고객 E: 기저귀, 장난감, 맥주
- 고객 F: 우유병, 기저귀, 맥주
- 고객 G: 기저귀, 아기 옷

위 내용을 좀 더 한눈에 알아볼 수 있게 다시 정리해보겠습니다. 고객이 물품을 구매했으면 1로 표현하고, 구매하지 않은 물건은 대각선으로 표현했어요. 다음의 표(244쪽 참고)를 봐주세요.

A~G 고객별 구매 내역

	우유병	기저귀	아기 옷	장난감	맥주
고객 A	1			1	
고객 B	1	1			1
고객 C		1	1		1
고객 D	1	1	1		
고객 E		1		1	1
고객 F	1	1			1
고객 G		1	1		

먼저 이 대형할인점에 방문한 고객 중 우유병을 구매할 확률과 맥주를 구매할 확률은 각각 얼마일까요? 참 쉽죠? 우유병과 맥주 모두 고객 7명 중에서 4명이 구매했으니까 똑같습니다.

$$\frac{4}{7}$$

그럼 이제 이 대형할인점에서 기저귀를 구매한 고객이 우유병을 구매할 가능성은 얼마일까요? 기저귀를 구매한 고객 6명인데, 이 중 우유병을 구매한 고객은 3명이니까 다음과 같겠죠?

$$\frac{3}{6} = \frac{1}{2}$$

이처럼 '기저귀를 구매했다'는 주어진 조건하에서 확률을 계산하는 방법을 **조건부 확률**이라고 해요. 이와 같은 방법으로 기저귀를 구매한 고객이 아기 옷을 구매할 확률과 기저귀를 구매한 고객이 장난감을 구매할 확률, 기저귀를 구매한 고객이 맥주를 구매할 확률을 각각 살펴보면 다음과 같습니다.

기저귀를 구매한 고객이 아기 옷을 구매할 확률= $\frac{3}{6}$

기저귀를 구매한 고객이 장난감을 구매할 확률 = $\frac{1}{6}$

기저귀를 구매한 고객이 맥주를 구매할 확률 = $\frac{4}{6}$

자, 그럼 기저귀를 구매한 고객이 다른 물건을 구매할 확률을 정리하면 아래의 표와 같아요.

기저귀를 구매한 고객이 다른 물건을 구매할 확률

우유병	아기 옷	장난감	맥주
$\frac{3}{6}$	$\frac{3}{6}$	$\frac{1}{6}$	$\frac{4}{6}$

이를 통해서 기저귀를 구매한 고객은 맥주를 가장 높은 확률로 구매한다는 것을 알 수 있어요. 아무런 조건이 없을 때는 대형할인점에서 우유병과 맥주를 소비자들이 구매할 확률은 똑같았죠? 하지만 기저귀라는 **조건**이 붙어있는 상황에서는 소비자들이 맥주를 구매할 확률이 더 높다는 것을 알 수 있는 거죠. 또한 우유병은 '기저귀'라는 조건에 의하여 확률이 감소했지만, 맥주는 '기저귀'라는 조건에 의하여 오히려 확률이 증가했음을 알 수 있습니다.

	'기저귀' 조건이 없을 때의 구매 확률		'기저귀' 조건이 있을 때의 구매 확률
우유병	$\frac{4}{7}$	$>$	$\frac{3}{6}$
맥주	$\frac{4}{7}$	$<$	$\frac{4}{6}$

결과적으로 대형할인점에서 기저귀 옆에는 우유병보다 맥주를 진열해야 매출이 더욱 증가한다는 것이 확인되었어요. 바로 이것이 조건부 확률의 쓸모이자 필요성이고, 수학적 사고를 하면 매출 증대에 기여할 수 있다는 증명이기도 하죠.

인공지능이 고객의 취향을 저격하는 비밀은?

조건부 확률 이야기를 좀 더 해보기로 해요. 혹시 여러분도 평소 유튜브 영상을 자주 보나요? 또 넷플릭스 같은 OTT 서비스를 구독하고 있지는 않나요? 그런데 이런 유튜브, 넷플릭스 등은 우리가 관심 있는 영상이나 취향 저격 프로그램을 어떻게 알았는지 딱 맞춰 추천해주곤 합니다.

"오, 이거 재밌겠는데?"

혹시 그런 추천이 어떻게 가능한지 궁금해한 적은 없나요? 유튜브와 넷플릭스와 같은 플랫폼의 영상 추천시스템 뒤에는 바로 인공지능 모델이 숨어있습니다. 인공지능 모델은 사용자가 이전에 어떤 영상을 시청하였는지를 근거로 어떤 콘텐츠를 선호하는지를 예측합니다. 대표적으로 유튜브와 넷플릭스의 추천시스템에 활용되는 방법은 협업 필터링과 콘텐츠 기반 필터링을 결합하고 있죠.

협업 필터링은 다양한 콘텐츠 사이의 패턴과 연결을 식별하기 위해 대규모 사용자 그룹의 선호도를 분석합니다. 예를 들어, 영화 A를 본 많은 사용자가 또 다른 영화 B도 많이 보았다면, 추천시스템은 영화 B가 영화 A와 비슷하다는 결론을 내리고 영화 A만 본 사용자들에게 영화 B를 추천하는 거죠. 이때 활용하는 것이 바로 앞에서 설명한 **조건부 확률**입니다. 이미 영화 A를 본 사람 중 가장 많이 본 다른 영화를 찾아서, 아직 영화 A만 본 사람에게 추천해요.

한편 **콘텐츠 기반 필터링**은 콘텐츠 자체의 특성에 초점을 맞춥니다. 예를 들어, 영화 A와 관련된 장르나 출연한 배우, 감독 등과 같은 영화의 메타데이터를 분석하여 유사한 특성을 가진 다른 영화를 식별하고 사용자에게 추천하는 거죠. 이것은 2장에서 설명해드린 **유사도**의 개념입니다. 영화를 장르, 배우, 감독을 기준으로 (장르, 배우, 감독)의 3차원 벡터로 표현하는 거죠. 그러면 벡터로 표현된 영화는 다른 영화와 비교하여 유클리드 유사도, 코사인 유사도를 산출할 수 있어요. 이 유사도가 가장 높은 영화를 추천하면 사용자의 영화 취향을 제대로 저격할 수 있겠죠?

콘텐츠 기반 필터링은 협업 필터링의 단점을 보완할 수 있어요.

예를 들어 인기를 끈 영화 A와 장르, 감독, 배우 등에서 유사도가 높은 영화 C가 있다고 가정해볼게요. 그런데 영화 C는 최근 개봉하기도 했고, 아직 사람들에게 입소문이 나지 않아서 많은 사용자가 보지는 못했어요. 그렇다면 협업 필터링만으로는 추천되지 않을 수 있죠. 하지만 영화 C는 영화 A와 콘텐츠 유사도가 높으므로 영화 A를 재미있게 본 사용자라면 영화 C도 재미있게 볼 수 있을 테니, 콘텐츠 기반 필터링으로 협업 필터링을 보완할 수 있는 것입니다.

이처럼 두 가지 접근 방식을 결합함으로써 인공지능 추천 시스템은 사용자 개인의 취향과 선호도에 따라 개인화된 맞춤형 추천을 제공할 수 있는 거예요. 이것은 유튜브와 넷플릭스와 같은 플랫폼들이 사용자들을 계속 참여시키고, 그들이 플랫폼에 계속 머물도록 만들 가능성을 높이는 데 활용되고 있어요. 인공지능이 이러한 가능성을 계산해내도록 하는 것이 바로 수학의 역할입니다.

03 페이지랭크

0100110101001001001110011100010011010100100100111001110001001101010100110101001001011010100100

오늘날의 구글을 탄생시킨 하나의 수식

스마트폰을 한시도 손에서 떼놓지 못하는 요즘 사람들은 궁금한 것이 있으면 바로 검색해봅니다. 여러분도 낯선 여행지에서 맛집을 찾고 싶거나, 기타 궁금한 것이 있을 때 아마 네이버나 구글 등에 곧바로 검색해볼 것입니다. 구글, 네이버 등을 인터넷 검색 엔진이라고 하죠. 여러분이 사용해본 것처럼 인터넷 검색 엔진은 사용자의 질문에 맞는 응답 결과를 제공합니다. 데이터가 무수히 그리고 빠르게 늘어날수록 사용자의 질문과 관련된 데이터도 함께 크게 증가했습니다. 이와 함께 다음과 같은 고민이 자연스럽게 따라오게 되었죠.

"검색된 데이터들을 어떤 방식으로 우선순위를 결정하여 사용자에게 제시해야, 사용자는 원하는 데이터를 손쉽게 찾을 수 있을까?"

{ 뭐야, 이건 내가 찾고 싶었던 게 아니잖아… }

정보혁명 시대로 불리는 1990년대에 드디어 월드와이드웹(WWW)으로 대표되는 인터넷이 등장합니다. 오늘날 챗지피티만큼이나 세계인들을 놀라게 했죠. 인터넷 초창기에 야후(Yahoo), 알타비스타 등의 많은 검색 엔진이 있었어요. 그런데 이 당시만 해도 검색 엔진은 문제가 많았습니다. 사용자가 검색어를 입력하면, 출력되는 검색 결과들 중에 전혀 원치 않는 불필요한 정보들이 많았으니까요.

예컨대 이런 경우를 생각해볼까요? 뿔 모양 단추가 달린 코트를 소위 '떡볶이 코드'라고 부르죠? 만약 여러분이 '떡볶이 코트' 같은 더플코트 코디나 쇼핑 관련 정보를 찾고 싶은데 앞페이지에 떡볶이 조리법만 잔뜩 나온다면 성가시겠죠? 또한 진짜 맛있는 떡볶이를 먹고 싶어 맛집을 검색했는데, 광고 혹은 지원금을 받고 작성된 포스팅이 상위에 있다면 떡볶이 찐 맛집을 찾기 위해 여러 페이지를 검색해야 하는 번거로움이 있을 것입니다. 이처럼 과거에는 검색 결과가 내가 찾고 싶은 내용이 아니거나, 번잡한 광고들 또는 일방적으로 제공된 문어발식 콘텐츠에 밀리는 경우가 허다했습니다. 실제로 1997~1998년까지도 검색 엔진을 통해 검색된 결과 중 나에게 쓸모 있는 정보는 고작 20~30% 수준에 불과했으니까요.

사용자의 입장에서는 참으로 불편하기 짝이 없었지만, 딱히 더 나은 대안은 없었죠. 이러한 상황에서 검색된 결과의 우선순위를 계산하는 수학 모델을 구현한 것이 바로 구글 창립자 래리 페이지와 세르게이 브린입니다. 이들은 '**페이지랭크**(page rank)'와 관련한

#나에게_#쓸모있는_#정보를_찾아주는_#공식_#페이지랭크

논문을 썼는데요. 주요 내용은 '페이지랭크' 알고리즘을 통해서 사용자가 원하는 결과를 앞쪽으로 배치할 수 있도록 계산한 것입니다. 이를 통해 사용자들은 구글에서 검색하면 70~80% 수준으로 자신에게 유용한 정보를 찾을 수 있게 된 거죠.[6] 오늘날 구글의 첫 시작은 사실 이 논문으로부터 시작되었다고 봐도 과언이 아닙니다. 만약 이 논문이 세상에 나오지 않았다면, 오늘날과 같은 구글이 과연 존재할 수 있을지 장담할 수 없으니까요.

불필요한 정보를 걸러내기 위한 수식은?

'페이지랭크' 논문의 핵심 내용은 수식에 있어요. 여기에서는 핵심만 설명해 드릴게요. 웹페이지 A와 이 웹페이지 A를 다른 인용한 n개의 다른 웹페이지 W_i가 있다고 할게요. 그럼 웹페이지 W_i가 인용한 다른 웹페이지 수는 $g(W_i)$이고, 웹페이지 A의 페이지랭크를 함수 $f(A)$라 할 때, 함수 $f(A)$는 다음으로 약속할 수 있어요.

$$f(A)=\frac{1-d}{N}+d\left(\sum_{i=1}^{n}\frac{f(W_i)}{g(W_i)}\right)$$

(단, d는 $0<d<1$ 인 상수)

6. Brin, S., & Page, L. (1998). The anatomy of a large-scale hypertextual web search engine. *Computer networks and ISDN systems*, 30(1-7), 107-117.

여기서 d는 $damping\,factor$의 약자로 사용자가 검색 엔진의 검색 결과로 나타난 웹페이지에 만족하지 못하고 다른 페이지로 가는 확률을 의미해요. 논문에서는 d값을 0.85로 설정했죠. 즉 사용자가 85%의 확률로 검색 결과에 만족하지 못하고 다른 페이지로 이동한다는 것을 의미해요. 0.85는 $\frac{5}{6}$로 근사할 수 있으며($0.85 \approx \frac{5}{6}$), 사용자로서는 대략 6번 정도 웹페이지를 검색하면 1번 정도 원하는 결과를 얻었던 당시 현실을 반영했던 것이에요.

{ 페이지의 순위를 정하는 페이지랭크의 원리는? } 페이지랭크는 말 그대로 페이지의 순위입니다. 좀 더 구체적으로 말하면 페이지가 가진 영향력에 따라 순위를 매긴 것입니다.

> '영향력이 높은 페이지일수록 다른 웹페이지로부터 많은 인용이 되지 않았을까?'

래리 페이지와 세르게이 브린은 위와 같은 가정에서 출발한 거죠. 혹시 웹페이지에서 이런 문구를 본 적이 있을지 모르겠습니다.

> "~~로부터 퍼왔음" 혹은 "출처 ~~"

이런 문구는 최초에 해당 콘텐츠가 업로드된 페이지를 명시합니다. 래리 페이지와 세르게이 브린은 영향력 있는 웹페이지는 그 웹페이지의 콘텐츠 내용이 유용하기 때문에 다른 웹페이지로부터 인용이 많을 거라고 생각했죠. 그래서 검색 결과와 관련하여 다른 웹페이지로부터 가장 많이 인용한 콘텐츠부터 가장 먼저 제시하도록 한 거예요. 이를 통해 검색의 질이 크게 향상되었습니다. 불필요한 정보만 잔뜩 쏟아내는 검색 엔진에 피로감을 느낀 사람들에게는 희소식이 아닐 수 없었죠. 이에 많은 사람이 검색해야 할 때면 다른 검색 엔진 말고 구글을 적극 활용하게 되었습니다. 페이지랭크 수식이 오늘날 글로벌기업 구글의 초석이 된 셈이지요.

{페이지랭크로 SNS 영향력을 높여라!} 구글의 페이지랭크를 통해 SNS 영향력을 높이는 전략을 생각해볼 수 있어요. 이것도 수학의 최대, 최소와 관련됩니다. 페이지랭크 수식을 다시 가져와 볼게요.

$$f(A) = \frac{1-d}{N} + d\left(\sum_{i=1}^{n} \frac{f(W_i)}{g(W_i)}\right)$$

위 수식에서 페이지랭크, 즉 $f(A)$를 증가시키기 위하여 우변의 식에 있는 문자를 먼저 확인해봅시다. 그런데 여기서 d와 N은 상수, 즉 고정된 값이에요. 그럼 변하는 값을 늘려야 페이지랭크가 증가할 수 있겠죠? 그것이 바로 다음과 같습니다.

$$\left(\sum_{i=1}^{n} \frac{f(W_i)}{g(W_i)}\right)$$

여기에서 분자에 해당하는 $f(W_i)$는 W_i의 페이지랭크 값이에요. 즉 이 웹페이지 A를 인용한 다른 n개의 다른 웹페이지 W_i의 페이지랭크 값이 $f(W_i)$예요. 분수에서는 분자의 값이 증가해야 전체 값도 증가하니까, 결국 나의 웹페이지를 인용한 웹페이지의 페이지랭크의 값이 커져야 해요. 한편 분모에 있는 $g(W_i)$는 감소해야 해요. $g(W_i)$는 웹페이지 W_i가 인용한 다른 웹페이지 수죠. 다시 말해 다른 웹페이지를 인용하지 않고, 웹페이지 A만 인용해야 $g(W_i)$가 감소해요.

이를 종합해보면 영향력이 높은 다른 웹페이지가 A만 인용하면 웹페이지 A의 페이지랭크의 값은 증가하게 되는 거죠. 하지만 페이지랭크가 높은 다른 웹페이지가 웹페이지 A뿐만 아니라 다른 웹페이지들도 함께 인용했다면 웹페이지 A의 페이지랭크는 감소하게 됩니다.

이 결과를 나의 SNS 영향력을 계산하는 데 활용할 수 있죠. 쉬운 예를 들어볼까요? 다른 사람에게 SNS 팔로우를 하지 않는 영향력 높은 유명인이 있다고 합시다. 그런데 이 사람이 만약 나의 SNS만 팔로우한다면, 이때 나의 SNS 페이지랭크가 값이 엄청 높아지겠죠? 자연히 나의 SNS 영향력은 엄청나게 높아질 것입니다. 이처럼 인터넷상에서의 유명세나 영향력을 계산해내는 것 또한 결국 수학의 힘인 셈입니다.

페이지랭크 알고리즘의 출발점은?[7]

아직 조금 어렵다고 생각하는 분들을 위해 인터넷상에 'AI 수학'에 관한 웹페이지가 A,B,C,D 딱 4개만 존재한다고 가정해볼게요. 이 4개의 페이지 중 'AI 수학'을 가장 잘 설명해주는 페이지가 하나 존재한다고 할 때, 다른 조건이 없다면 페이지 A, B, C, D가 갖게 될 확률은 똑같을 거예요.

하지만 아래 그림처럼 연결 관계가 있다고 가정해봅시다. 그림에서 4개의 웹페이지 A, B, C, D에 대하여 웹페이지의 이름을 동그라미 내부에, 웹페이지의 연결 관계는 화살표가 있는 선으로 표현했어요. 화살표는 인용의 방향을 의미해요. 이 그림에서는 웹페이지 B, C, D가 모두 **웹페이지 A를 인용**했네요. 4개의 페이지 중에 가장 인용이 많은 A의 페이지랭크 $f(A)$를 계산해볼 거예요. 함수 $g(A)$는 **웹페이지 A가 인용한 다른 웹페이지 수**라 하고, 상수 d에 대하여 웹페이지 A의 페이지랭크를 함수 $f(A)$라 할 때, 254쪽 페이지랭크의 식으로 표현하면 다음과 같아요.

$$f(A)=\frac{1-d}{4}+d\left(\frac{f(B)}{g(B)}+\frac{f(C)}{g(C)}+\frac{f(D)}{g(D)}\right)\text{(단, } d\text{는 0과 1사이 상수)}$$

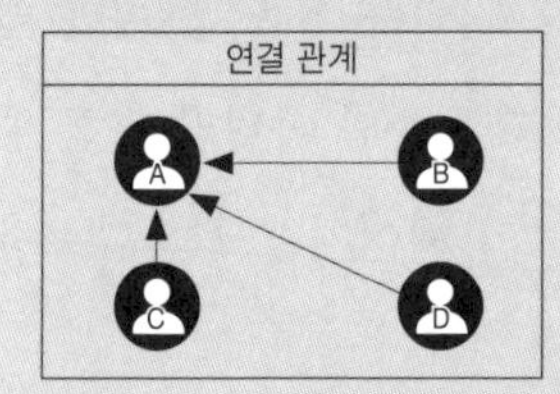

정리하면 **웹페이지 A의 입장에서 보면 웹페이지 B, C, D로부터 인용을 받았어요. 그래서 화살표의 방향이 B, C, D에서 A로 향해요.** 한편 웹페이지 B는 다른 웹페이지들이 인용하고 있지 않으며 C, D도 마찬가지예요. 그렇다면 예시에서 웹페이지 B가 인용한 다른 웹페이지는 A뿐이므로 웹페이지 가 인용한 다른 웹페이지의 수는 $g(B)=1$ 입니다. 마찬가지로 웹페이지 C, D가 인용한 다른 웹페이지의 수도 $g(C)=g(D)=1$이에요. 페이지랭크 논문과 같이 $d=\frac{5}{6}$로 설정하고 $f(B)=f(C)=f(D)=\frac{1}{4}$라 할 때, $f(A)$는 다음과 같이 구할 수 있죠.

$$f(A)=\frac{1-\frac{5}{6}}{4}+\frac{5}{6}\left(\frac{1}{4}+\frac{1}{4}+\frac{1}{4}\right)=\frac{2}{3}$$

7. 권오성, 〈그 알고리즘이 너무 매력적이었기에 그들은 구글을 세웠다〉, 《한겨레》, 2019. 05. 17. 기사 참조 재구성

생각은 곧 현실이 된다!

〈양자 물리학〉(2019)이라는 영화를 보신 적 있나요? 제목만 보면 최소 물리학과 3학년 전공과목명 같아서 뭔가 학문적인 내용일 것 같지만, 실제로는 범죄영화죠. 다만 주인공 이찬우(박해수 분)는 양자물리학적 신념을 가진 인물로 묘사되며, 영화 속에서 "생각이 현실을 만든다."는 대사를 자주 합니다. 주인공의 말처럼 과연 생각이 현실을 만들 수 있을까요?

실제로 이를 증명한 실험이 존재합니다. 르네 피크(Rene PEoc`h)는 자신의 연구에서 무작위로 움직이도록 프로그램된 로봇의 움직임을 관찰했는데, 처음에는 프로그램된 대로 공간 이곳저곳을 누비며 움직이던 로봇이 점차 삐약삐약 우는 병아리들 주변으로 움직임이 몰리게 된 사실을 발견했으니까요. 즉 놀랍게도 어미 닭을 찾는 병아리의 간절함이 로봇의 운동을 변화시킨 것입니다.[8]

{물질은 입자일까, 파동일까?}

양자역학에서 다루는 주제는 파동-입자 이중성, 불확정성 원리, 파동함수, 원자구조, 상태와 측정 등이 있습니다. 여기에서는 그중 파동-입자 이중성에 대한 이중 슬릿 실험을 소개해볼게요. 입자와 파동은 서로 다른 물리량입니다. 축구 경기장에 갔다고 생각해보세요. 선수들은 공을 이리저리 차면서 축구공을 상대의 골대에 넣으려 할 것이고, 여러분은 파도타기를 하면서 힘껏 응원하겠죠? 이때 축구공은 입자로 생각할 수 있어요. 축구공을 차면 공은 이동하여 위치가 변경되니까요. 축구 경기장에서 관중들의 파도타기 응원은 파동이에요. 관중들은 경기장을 회전하지 않고, 타이밍에 맞게 제자리에서 잠시 일어났다가 다시 앉을 뿐이니까요. 파동에는 빛, 소리 등이 있어요. 양자역학 전까지는 물질은 입자 아니면 파동이었어요.

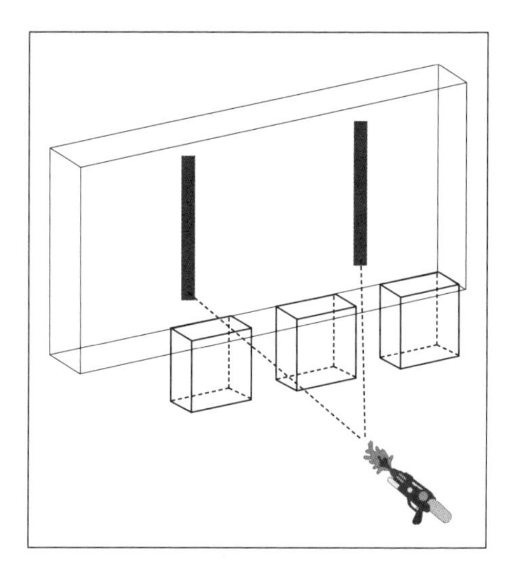

입자인 장애물을 통과하지 못한 물감 자국
장애물을 일정 간격으로 세워두고 물감총을 발사하면, 장애물의 틈으로만 물감이 통과하게 됩니다.

8. 오세준, 《십대들을 위한 좀 만만한 수학책》, 맘에 드림, 2021. 36~38쪽 참고

만약 왼쪽 그림과(258쪽 참조) 같이 중간에 장애물이 있고, 장애물 사이에 열려 있는 틈이 2곳이 있어요. 이때 그 장애물 앞에서 물감을 총알로 하는 서바이벌 총을 쏘면 장애물 뒤의 벽 어디에 물감이 묻을까요? 당연히 장애물이 있는 곳을 통과하지 못하고 장애물이 없는 열린 부분만 통과하니, 뒤쪽에는 물감 줄이 2개 생기겠죠? 우리가 생각하는 입자인 물질이라면 당연히 그럴 것입니다. 하지만 물질이 입자가 아니라면 어떻게 될까요?

{혹시 지금 날 지켜보고 있는 거야?}

1927년 클린턴 데이비슨(Clinton Davisson)과 레스터 저머(Lester Germer)는 위에서 설명한 것과 같은 장애물을 설치한 조건에서 전자(電子, electron)를 쏘는 실험을 하였어요.[9] 여기 있는 장애물을 실험에서는 '이중 슬릿'이라고 이름 붙였죠. 슬릿이란 파동 또는 빛의 일부만 통과하게 만든 작은 틈을 말합니다. 아무튼 전자가 입자라면 이중 슬릿을 통과시켰을 때, 먼저 소개한 물감 자국처럼 당연히 두 줄로 결과가 나와야 하겠죠? 이때만 해도 전자는 입자라고 생각했거든요. 하지만 예상과 달리 260쪽의 그림처럼 여러 줄이 나온 것이에요.

전자가 이중 슬릿을 통과한 결과는 예상처럼 2줄로 나오지 않고, 마치 꼭 파동을 통과시킨 것처럼 간섭무늬가 생겼습니다. 이때까지

9. 데이비슨-저머의 실험(Davisson-Germer experiment, 1927). 전자선(電子線)이 입자가 아닌 파(波)의 성질을 가졌다는 것을 증명한 실험입니다.

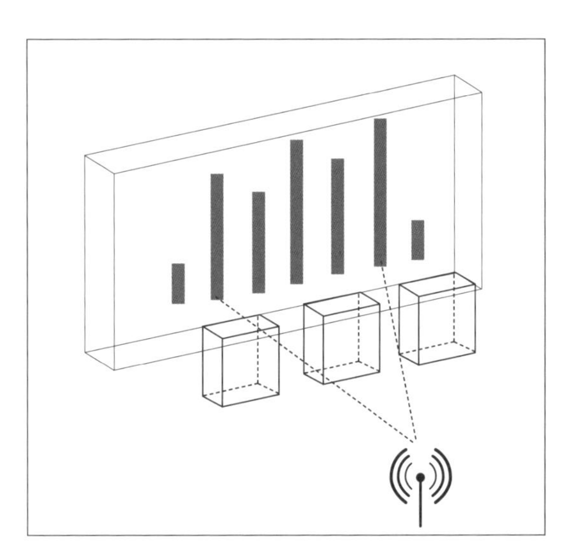

전자를 이중슬릿에 통과시킨 결과

전자는 입자라서 슬릿을 통과하면 간섭무늬가 2줄 생길 것이라는 예상과 달리 마치 파동을 통과시킨 것처럼 간섭무늬가 여러 개 발생했습니다.

만 해도 전자는 당연히 입자라고 생각해왔던 시절이었기 때문에 이런 사실이 관찰된 것만 해도 충격적이었죠. 하지만 진짜 놀라운 것은 그 이후였어요. 데이비슨과 저머는 도대체 왜 이런 일이 일어나는지 파악하기 위하여 슬릿 앞에 전자 검출기를 달았죠. 전자가 이동하는 모습을 보고 싶었기 때문이에요. 그런데 희한한 일이 벌어집니다. 검출기를 달았더니 갑자기 간섭무늬가 사라진 것입니다. 즉 이중 슬릿을 통과한 결과 스크린에는 두 줄만 생겼으니까요. 마치 전자가 꼭 지능이 있는 것처럼 "어! 사람들이 나를 관찰하고 있네? 그러면 입자인 척 행동해야지!"라고 생각이라도 한 것 같은 결과가 나온 셈입니다. 두 실험은 나머지 조건에서는 완전히 동일하게 진행되었고, 유일한 차이라면 오직 전자의 경로를 관측하기 위한 검출기의 설치 여부뿐이었죠.

이 실험(전자의 이중 슬릿 실험이라고 함)을 통해 "전자는 상황에 따라서 파동의 성질을 보이기도 하고, 입자의 성질을 보이기도 한다."는 사실을 알게 되었죠. 여기서 중요한 것은 '사람이 관측한다는 그 사실, 눈에 보이지 않는 그 마음의 작용'이 입자로 믿어왔던 전자의 성질을 바꿔버린다는 것이죠. 영화 대사처럼 생각이 곧 현실을 만들어낸 셈입니다. 이렇듯 성질이 이랬다저랬다 바뀔 수 있다는 이중성이 바로 양자역학의 원리입니다. 입자가 갖는 파동과 입자의 이중성, 측정에서의 불확정 관계 등을 설명하는 원리이죠.

{0일 수도, 1일 수도 있지, 안 그래?}

양자 컴퓨터는 바로 이 양자역학의 원리에 기초합니다. 고전적인 컴퓨터에서 데이터는 0 또는 1인 **비트**로 표현됩니다. 이것이 무슨 뜻이냐면 0이면 0이고, 1이면 1이지, 0이면서 1일 수는 없다는 뜻이에요. 하지만 양자 컴퓨터에서 데이터는 퀀텀 비트(quantum bit), 줄여서 **큐비트**(qubit)로 표현됩니다. 큐비트는 (0) 혹은 (1) 혹은 (0과 1) 모두의 상태일 수 있어요. 방금 얘기했던 입자이기도 또 파동이기도 한 전자처럼 말이죠. 이러한 속성을 가리켜 **중첩**이라고 해요. '0과 1 모두'를 나타낼 수 있는 것이 양자역학의 원리 덕분이네요.

이런 원리를 처음 접했다면 분명 혼란스러울 거예요. 하지만 가능성으로 접근하여 생각해볼 수 있어요. 예를 들어, 0과 1의 중첩 상태(0과 1모두)에 있는 큐비트는 0일 확률이 50%이고, 1일 확률이 50%예요. 양자역학처럼 큐비트를 '측정'할 때는 큐비트는 0 또는 1 하나로 측정되지만, 측정되기 전까지는 두 상태 모두 동시에 존재할 수 있다는 의미입니다.

양자 컴퓨팅의 또 다른 중요한 원리는 **얽힘**이에요. 하나의 큐비트 상태가 다른 큐비트의 상태에 따라 달라지는 방식으로 둘 이상의 큐비트가 서로 연결될 때 얽힘이 발생해요. 양자 컴퓨터에서 얽힘은 두 개 이상의 큐비트를 얽는 데 사용되며, 동시에 여러 정보에 대한 계산을 수행할 수 있습니다. 예를 들어, 두 개의 큐비트가 얽혀 있다고 상상해볼까요? 이때 만약 한 큐비트가 0으로 측정되면 다른 큐비트는 자동으로 1로 측정되며, 그 반대도 마찬가지입니다. 이를 통해 양자 컴퓨터는 병렬 처리가 가능해졌으며, 고전 컴퓨터보다 특정 유형의 계산을 훨씬 엄청난 속도로 빠르게 수행할 수 있어요. 하지만 0과 1 모두인 상태에서 알 수 있듯이 양자 컴퓨터는 고전적인 컴퓨터보다 훨씬 더 통제하기 어렵고 프로그래밍하기도 어렵습니다. 또한 큐비트는 매우 섬세한 현상이고 외부의 영향에 의해 쉽게 방해를 받을 수 있어요. 즉 얽힘이 매우 불안정한 상태로 유지된다는 뜻입니다. 따라서 얽힘을 유지하는 것이 양자 컴퓨터 개발의 가장 큰 과제 중 하나이며, 양자 컴퓨터는 아직 개발 초기 단계에 있습니다.

어벤져스로 보는 양자역학의 얽힘과 중첩

수년 전 전 세계적인 인기를 끌었던 영화 '어벤져스' 시리즈를 기억하나요? 이 영화에서 어벤져스 군단이 손가락을 튕겨 지구생명체의 절반을 날려버렸던 빌런 타노스로부터 지구를 구했던 내용을 기억할 거예요. 그런데 이러한 설정도 사실 '양자역학' 원리에 기반합니다. 예측 불가능성이 지배하는 양자의 세계 속 시간의 흐름은 우리가 살아가는 거시세계 속 시간의 흐름과 다르다는 원리에 영화적 상상력을 보탠 거죠.

양자물리학에서 물질은 입자인 동시에 파동입니다. 이중슬릿 실험에서 장애물을 통과한 후 파동처럼 움직였던 전자처럼 말이죠. 둘로 쪼개진 상태의 입자는 서로 상관관계가 있기 때문에 아무리 멀리 떼어놓아도 결국 이 상관관계가 유지되는 현상이 바로 '얽힘'이며, 물질이 어떤 고정된 형태 한 가지가 아니라 여러 가지 형태로 동시에 존재한다고 하는 가정이 바로 '중첩'입니다. 마블유니버스의 세계관인 소위 멀티버스, 분신술 같은 게 이론적으로는 충분히 가능하다는 의미죠.

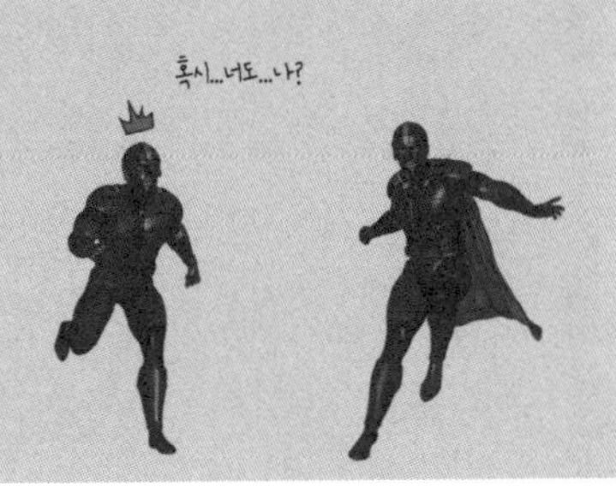

미지의 블랙박스를 해부하라!

우리는 지금까지 수학을 매개로 인공지능과 인공지능 학습 과정의 이모저모를 알아보았습니다. 이를 통해서 인공지능이 의사결정을 내리는 과정을 알고 싶었어요. 하지만 최근 딥러닝(인공신경망)은 너무나 많은 히든층과 인공신경세포가 존재하도록 설계되고 있죠. 이에 각각의 인공신경세포에서 일어나는 계산 과정을 우리 인간이 일일이 점검하기는 쉽지 않습니다. 그래서 오늘날의 인공지능은 블랙박스로 불리기도 해요. 수많은 비밀을 감추고 있는 블랙박스죠. 마치 우리 뇌의 상당 부분이 아직도 미지의 영역으로 남아 있는 것과도 비슷합니다. 하지만 앞으로 우리는 점점 더 많은 부분에서 인공지능의 결정에 의지하게 될 텐데 조금 걱정스럽기도 합니다. 인공지능이 결정한 것을 어떻게 하면 사람이 납득할 수 있을까요? 특히 사람의 생명을 다루는 의학 분야, 사람의 삶, 이해관계 등과 직결된 법학 분야 등에서 인공지능이 더 적극적으로 도입되고 활용되려면 인공지능이 왜 그렇게 판단했는지 그 이유를 사람이 알 수 있어야 하지 않을까요? 그래서 이 책의 마지막 장에서는 인공지능의 결정을 이해하려는 시도인 설명한 가능한 인공지능, 즉 XAI(Explainable AI)에 대해 살펴보고자 합니다.

7장

설명가능한 인공지능

설명가능한 인공지능의 쓸모에 관하여

설명가능한 인공지능, 즉 XAI(Explainable AI)는 인공지능(AI)의 판단 결과에 대한 이유를 인간이 이해할 수 있도록 제공하는 기술입니다. 이 말이 다소 생소할 여러분을 위해서 제가 챗지피티에게 XAI에 대해서 한번 물어보았어요. 그래서 본격적인 이야기를 시작하기 전에 XAI에 관해 챗지피티가 답한 내용을 먼저 소개하면 다음과 같습니다.

> 저는 설명가능한 인공지능(XAI)에 대해 들어본 적이 있습니다. 설명가능한 인공지능은 인공지능 시스템을 좀 더 투명하고 해석할 수 있게 만드는 방법과 기술을 개발하는 데 초점을 맞춘 인공지능 연구 분야입니다. 전통적으로 AI 시스템은 의사결정이나 예측을 어떻게 하는지 이해하기 어렵거나 아예 불가능한 경우가 많기 때문에 마치 '블랙박스'처럼

여겨져왔습니다. 하지만 이것은 AI 시스템이 내린 결정이 인간에게 설명하거나 정당화하기 어려울 수도 있다는 것을 의미하기 때문에 중대한 문제가 될 수 있습니다.

XAI는 AI 시스템을 보다 투명하고 해석할 수 있게 만드는 방법과 기술을 개발하여 이 문제를 해결하는 것을 목표로 합니다. 여기에는 AI 시스템이 내린 개별 결정이나 예측에 대한 설명을 제공하거나, 이해하고 분석하기 쉬운 좀 더 투명하고 해석 가능한 모델을 개발하는 것과 같은 기술이 포함될 수 있습니다. 전반적으로 XAI는 신뢰성과 책임성을 개선하기 위해 AI 시스템을 한층 투명하고 해석할 수 있게 만드는 데 초점을 맞춘 AI 연구 분야입니다. XAI 방법과 기술에는 몇 가지 다른 유형이 있습니다. 예를 들어 사후 설명 방법은 AI 시스템이 내린 특정 결정에 기여한 독립변수나 시스템이 특정 예측을 한 이유에 대한 분석을 제공할 수 있습니다.

인공지능의 판단 근거를 사람에게 제공하다

아마 여러분도 챗지피티의 답변을 읽어보면서 한 가지는 분명히 알아챘을 거예요. 그건 바로 설명가능한 인공지능(XAI)이란 쉽게 말해 블랙박스처럼 내부를 확인할 수 없는 인공지능의 결정을 사람이 이해할 수 있도록 설명하는 인공지능이라는 거죠.

2016년 DARPA(Advanced Research Projects Agency, 미국 국방 고등연구 계획국)에서 처음으로 그 개념을 정의했죠. 참고로 DARPA는

우리가 쓰는 인터넷, 개인용 컴퓨터, GPS, 드론 등을 개발했어요. 《이코노미스트》[1]는 DARPA를 "현대 세계를 형성하는 기관"으로 칭하기도 했어요. 그렇기에 매년 DARPA에서 공개하는 프로젝트는 전 세계과학기술자들이 주목하고 있죠. 2016년 DARPA에서 제안한 설명가능한 인공지능 기술을 통해 인공지능이 3차 붐에 이어서 또다시 도약할 수 있는 중요한 역사적 현장에 우리는 서 있는 셈이에요. 설명가능한 인공지능은 다음의 그림처럼 인공지능의 판단에 대한 근거를 사람에게 제공할 수 있습니다.

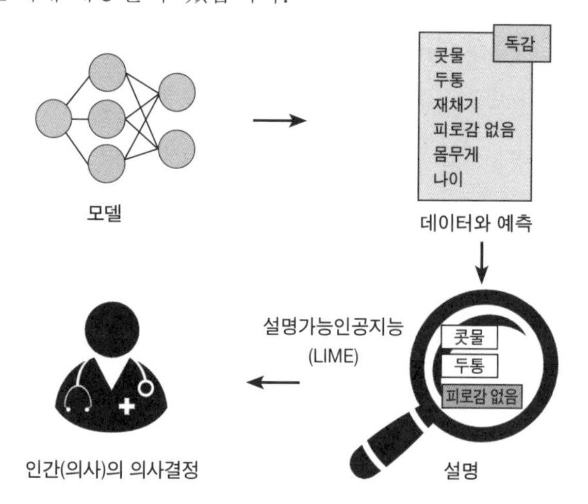

인공지능의 결과에 대한 설명가능성(※자료: Ribeiro. et al., 2016, p. 1136 참조 재구성)[2]
인공지능이 독감이라고 결론을 내리는 과정에서 긍정적 영향을 미친 요인과 부정적 영향을 미친 요인을 인간 의사결정자에게 설명하는 것을 도식화한 그림입니다.

1. Gunning, D., & Aha, D. (2019). DARPA' s explainable artificial intelligence (XAI) program. *AI magazine*, 40(2), 44-58.
2. Ribeiro, M. T., Singh, S., & Guestrin, C. (2016, August). "Why should i trust you?" Explaining the predictions of any classifier. In *Proceedings of the 22nd ACM SIGKDD international conference on knowledge discovery and data mining* (pp. 1135-1144).

왼쪽 그림에서(268쪽 참조) 인공지능이 환자의 데이터(콧물, 두통, 재채기, 몸무게, 나이, 피로감 없음)를 토대로 진찰하고 독감이라는 결론을 내렸으면, 독감으로 결정한 이유에 대해 그림과 같이 콧물, 두통의 증상은 인공지능이 독감이라는 결정을 내리는 데 긍정적인 영향을 미쳤으며, 반대로 피로감이 없는 것에 대해서는 인공지능이 독감으로 결정을 내릴 때 부정적인 영향을 미쳤다는 것을 인간 의사결정자

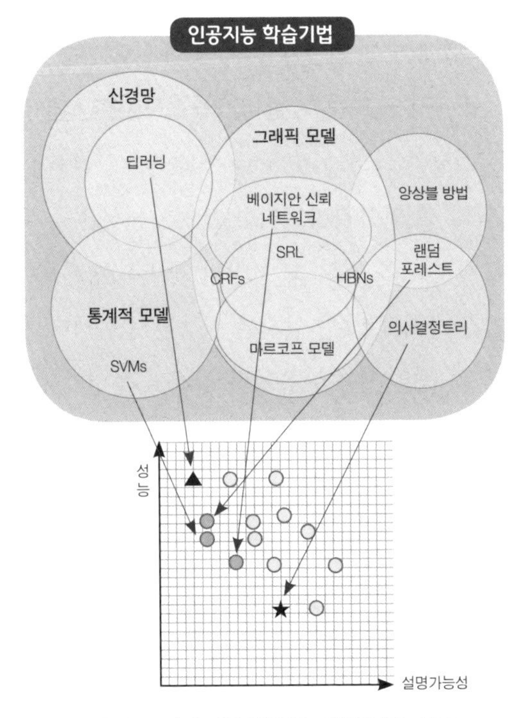

학습기법(Learning techniques)에 따른 인공지능 모델의 성능 비교

인공지능의 모든 결정을 인간이 이해할 수 있는 모델도 있지만, 아직까지는 설명가능성과 인공지능의 성능은 반비례합니다. 성능과 설명가능성 모두를 높이기 위한 연구가 2016년 이후로 진행 중입니다.

에게 전달하는 방법이에요.

물론 인공지능 모델 중에도 사람이 인공지능의 모든 결정 과정을 쉽게 이해할 수 있는 모델도 있어요. 하지만 문제는 설명가능성과 인공지능의 성능이 현재로서는 반비례 관계라는 점입니다. 즉 사람이 모두 이해할 수 있는 의사결정을 내리는 인공지능 모델일수록 성능이 낮고, 사람이 이해하기 힘들수록 인공지능 모델의 성능이 우수하다는 거죠. 이에 성능이 우수하면서도 사람이 이해할 수 있는 인공지능 모델에 대한 연구가 2016년 이후로 진행 중입니다.

269쪽 그래프에서 가로축은 설명가능성(explainability)을 나타내며, 세로축은 성능(learning performance)을 의미합니다. 예를 들어 중앙의 ★모양의 점 의사결정트리는 설명가능성은 높지만, 성능은 낮죠. 반대로 제일 왼쪽 위의 ▲ 모양의 점 딥러닝은 설명가능성은 낮지만, 즉 인간이 이해할 수 없지만 성능은 좋습니다. 설명가능한 인공지능 연구는 높은 성능을 유지한 상태로 설명가능성을 높이기 위한 작업을 의미합니다.

{설명가능한 인공지능이 교육 현장에 활용된다면?}

설명가능한 인공지능은 앞으로 더욱 다양한 분야에서 활용될 전망입니다. 교육 분야도 빼놓을 수 없죠. 다만 현재 연구 단계이므로 아직 교육에 활용된 사례는 많지 않습니다. 하지만 만약 실제 교육에 활용된다면 그 파급력은 엄청날 것으로 예상됩니다. 설명가능한 인

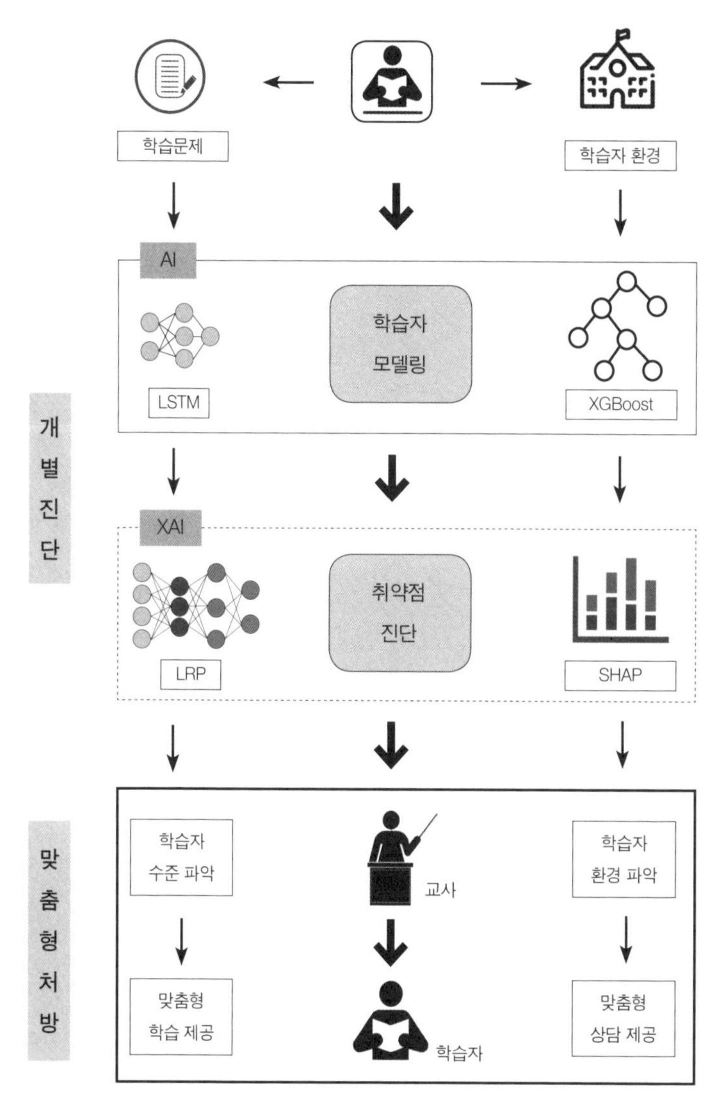

XAI를 활용한 학습 지원시스템(※자료: 김성훈 외, 2021, p. 19 참조 재구성)

앞으로 교육에서도 학습자의 수준과 환경을 파악하여 학습자에게 꼭 맞는 맞춤형 처방을 내리는 데 XAI를 활발하게 활용하게 될 전망입니다.

공지능을 이용하여 교육에 활용할 수 있는 방안은 김성훈 외(2021)의 연구에서 그 가능성을 엿볼 수 있어요.

이 연구에서는 학생들이 수학 문제풀이와 학습 환경이라는 구체적인 예를 들어 살펴보았어요. 먼저 학생들의 수학 문제 풀이와 학습환경을 분석할 수 있어요. 김성훈 외(2021)는 학습자 513명이 6개의 문제를 풀이한 데이터를 학습하고, 학습자 수준을 파악하여 맞춤형 학습을 할 수 있다고 했어요. 또한 학생을 둘러싼 30가지 환경을 분석하고, 이를 수학 성적 데이터와의 연관성 분석했습니다.[3]

예를 들어 이 연구에서는 513명의 학습자가 문제 풀이한 데이터를 인공지능이 학습하여 문제마다 틀리는 이유가 무엇이며, 어떤 개념이 부족한지 파악했습니다. 그래서 개별적으로 학생 A가 '뺄셈' 문제를 풀지 못할 가능성을 설명가능한 인공지능의 방법의 하나인 LRP[4]로 분석할 수 있고, 그 이유에 대해서도 '덧셈'에 대한 개념이 부족하기 때문이라고 제시해줄 수도 있어요.

또한 학습 환경과 수학 성적 데이터를 인공지능 모델이 학습하고 각 학습환경 중 수학 성적에 영향을 미치는 요인을 설명가능한 인공지능 모델 중 하나인 SHAP를 이용하여 분석할 수 있어요. 이 두 가지를 결합하여 학습자에게 학습에서 부족한 부분과 환경적인 부분에서 보완할 측면을 제시할 수 있어요.

3. 김성훈, 김우진, 장연주, 김현철. (2021). 〈설명가능한 AI 학습 지원 시스템 개발〉. 《컴퓨터교육학회 논문지》, 24(1), 107-115.
4. Local Interpretable Model-Agnostic Explanation.

설명가능한 인공지능이 답을 찾아가는 과정

그럼 이제부터는 설명가능한 인공지능의 의사결정 과정을 조금 더 구체적으로 들여다볼게요. 가장 간단한 형태의 설명가능한 인공지능 모델로는 앞서 소개한 **의사결정트리**가 있어요. 의사결정트리는 쉽게 말해 '예' 또는 '아니오'로 답할 수 있는 질문을 하고, 질문에 대한 답을 토대로 데이터를 나누어 나가는 인공지능 모델이에요. 여기서 뭔가 떠오르는 게 있지 않나요? 맞아요. 꼭 스무고개 같죠? 근데 인공지능도 이런 방법으로 답을 찾아갑니다! 데이터를 '예' 또는 '아니요'로 분류하는 모습이 마치 나뭇가지들이 갈라진 것처럼 보여서 의사결정트리로 불리는 거죠.

간단한 예를 들어볼게요. 여러분이 알고 있는 사각형의 종류는 어떤 것들이 있나요? 정사각형, 직사각형, 평행사변형 등 사각형도 종류가 다양합니다. 그리고 인공지능도 이런 식으로 사각형을 종류별로 분류하게 할 수 있습니다. 예를 들어 사각형을 정사각형, 직사각형, 마름모, 평행사변형으로 분류하는 의사결정트리는 274쪽과 같이 만들 수 있어요. 우리는 이 인공지능 모델에 사각형의 특성을 입력하면 그 사각형이 무엇인지와 분류한 이유도 알 수 있죠. 예를 들어 인공지능이 정사각형으로 판정했다면 한 내각이 직각인가요?는 질문에 "예"라고 답하였으며, 이웃하는 두 변의 길이가 같나요?라는 질문에도 "예"라고 대답한 것임을 알 수 있으니 우리는 인공지능이 왜 이 사각형을 정사각형으로 판정했는지 알 수 있죠.

이 의사결정트리는 수학뿐 아니라 다른 교과목에도 확장하여 활용될 수 있어요. 이미 미국에서는 소설(노벨)과 공학(엔지니어링)을 결합한 노벨 엔지니어링(NE, Novel Engineering)을 새로운 융합교육의 방법으로 제시하고 연구하고 있습니다. 즉 학생들은 동화, 소설 등을 읽고 자신이 주인공이 되어서 문제를 인식하고 해결하기 위해서 생각하는 과정에서 창의성, 비판적 사고력 등을 키우며 차가운

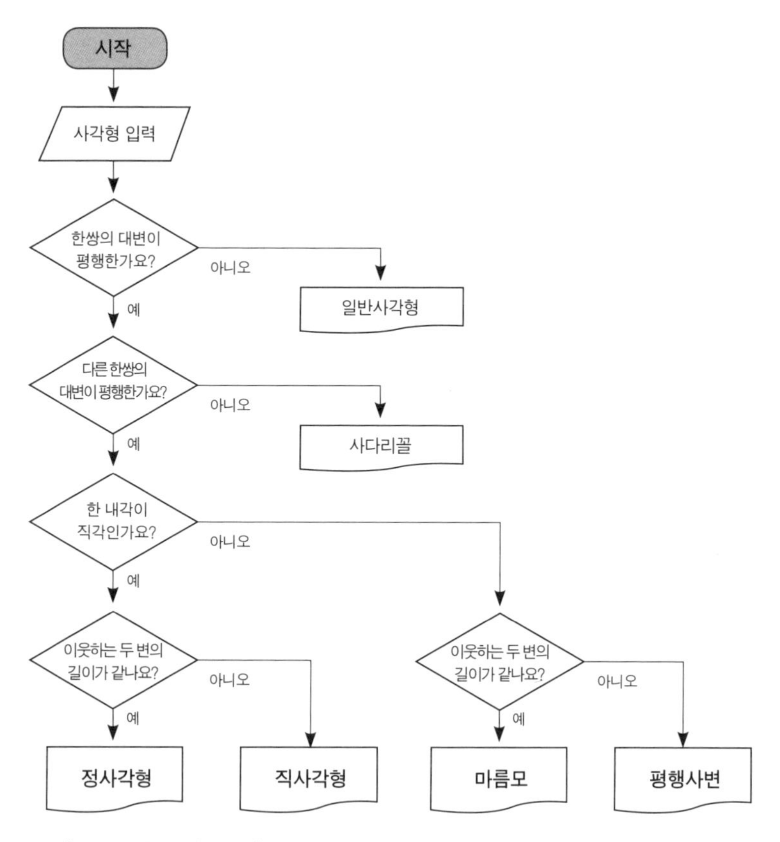

사각형의 종류를 분류하기 위한 의사결정트리

이 모델에서 우리는 인공지능이 정사각형 또는 직사각형으로 분류했는지 알 수 있습니다.

이성과 따뜻한 감성을 조화롭게 향상시킬 수 있다는 거죠. 바로 이 노벨 엔지니어링에 의사결정트리를 활용해볼 수 있어요. 우리나라는 김동환(2022)[5]이 초등학교 2학년 학생을 대상으로 그림 형제의 동화 "늑대와 일곱 마리 아기염소"를 노벨 엔지니어링 대상 도서로 선정하였으며, 의사결정트리 활동을 진행한 바 있습니다.

인공지능이 그린 늑대와 아기염소

여러분도 잘 알고 있는 동화를 인공지능에게 그려보게 하였습니다. 동화 속 아기염소들은 변신술에 능한 늑대에게 속아 문을 열어주고 말았죠.

5. 김동환, 2023, 〈노벨엔지니어링을 활용한 인공지능 교육 프로그램 개발 및 적용〉, 서울교육대학교 교육전문대학원 석사학위논문.

얘들아, 엄마가 아니면 누구에게도 문을 열어주면 안 돼!

여러분도 이미 어린 시절부터 잘 알고 있는 얘기일 것입니다. 엄마 염소가 외출하면서 아기염소 일곱 마리에게 엄마가 아니면 누가 와도 문을 열어주지 말라고 단단히 당부합니다. 하지만 아기염소들은 결국 늑대에게 문을 열어주고 말았죠.

늑대가 엄마를 흉내 내며 문을 열어달라고 했을 때, 아기염소들이 엄마인지 아닌지 확인하는 첫 번째 기준은 바로 목소리였어요. "엄마야~" 하는 목소리로 엄마인지 아닌지 확인한 거죠. 늑대가 엄마 목소리를 흉내를 내 아기염소들을 안심시켰죠.

이후 아기염소들이 사용한 두 번째 침입자 구별 방법은 털의 색깔이 흰색인지 아닌지를 통해 엄마를 구별해내는 것이었어요. 처음에는 늑대가 문틈으로 발을 내밀었을 때, 털의 색깔이 검은색이어서, 아기염소들은 엄마가 아닌 것을 알고 문을 열어주지 않았어요. 그러자 늑대가 자신의 털에 밀가루를 뿌려서 털의 색깔을 흰색으로 위장합니다. 그리고 다시 문틈으로 발을 내밀었죠. 아기염소들은 털의 색깔이 흰색이라서 엄마인 줄 알고 결국 늑대에게 문을 열어주었죠.

바로 이 상황이 의사결정트리가 실생활에서 활용될 수 있는 사례예요. 이 내용을 의사결정트리로 정리하면 오른쪽과(277쪽 참조) 같아요. 아기염소들은 이와 같은 의사결정트리를 기준으로 엄마인지를 결정한 것이에요.

노벨엔지니어링은 각 상황에서 아기염소들이 어떻게 행동하면

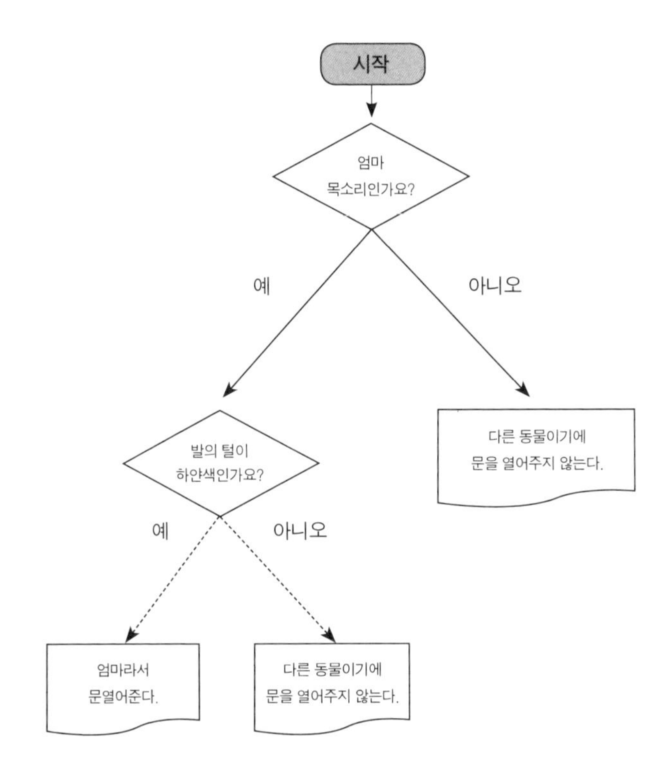

아기염소는 언제 문을 열어주어야 할까?
아기염소가 늑대와 엄마를 구분할 수 있는 방법을 의사결정트리로 정리해보았습니다.

좋은지를 학생들로 하여금 창의적으로 제시하도록 하는 교육 방법입니다. 조금 더 엄마 염소임을 정확하게 확인할 수 있는 질문을 많이 하여, 의사결정트리를 더욱 깊게 형성하는 것이 그 한 가지 방법이 될 것이에요.

든 자리는 몰라도 난 자리는 알아요

앞에서 우리는 의사결정트리를 통해 설명가능한 인공지능이 답을 찾아가는 과정을 살펴보았어요. 그런데 설명가능한 인공지능은 입력데이터의 독립변수가 인공지능의 결정에 얼마나 영향을 미쳤는지 그 정도를 측정하기 위한 여러 가지 방법이 있습니다. 여기에서는 그중 한 가지인 SHAP 방법을 소개해 드릴게요. SHAP란 shapely additive explanation(이하 SHAP)[6]의 약자로 미국의 수학자이자 경제학자로 2012년 노벨 경제학을 수상한 로이드 섀플리(Lloyd Stowell Shapley)의 이론을 바탕으로 만든 설명가능한 인공지능 방법론이에요. SHAP은 **섀플리 값**(Shapley Value)[7]을 덧셈(Addictive Feature)을 이용하여 선형회귀모델로 표

6. Lundberg, S. M., & Lee, S. I.(2017). A unified approach to interpreting model predictions. *Advances in Neural Information Processing Systems*, 30.

현할 수 있는 장점이 있습니다. 게임이론에 기반을 둔 섀플리 값(Shapley Value)은 전체 결과를 도출할 때 각 독립변수의 기여도를 수치로 표현한 것[8]으로, 여기에서 각 독립변수의 기여도는 그 특성을 제외했을 때 나타나는 전체 결과의 변화량으로 정의하였어요.

{ 이 농구팀에서 누가 얼마나 승리에 기여할 수 있을까? }

예를 들어볼게요. 어떤 멤버로 농구팀을 꾸려야 하는지 예측하는 간단한 인공지능 모델을 만든다고 생각해봐요. 여기에서는 간단한 모델을 만들 것이기 때문에 상대 팀에 따른 궁합은 고려하지 않고, 그저 농구팀의 선수들이 개별적인 역량에 따라 얻을 수 있는 점수를 합하여 전체 팀이 얻는 점수를 예측할 거예요. 그럼 각 선수가 팀의 점수에 얼마나 기여하는지는 어떻게 계산할 수 있을까요? 단순히 그간 경기에서 얻은 각 선수의 평균득점을 계산하면 될까요? 농구는 팀 스포츠라서 직접 득점도 할 수 있지만, 득점뿐만 아니라도 보이지 않는 기여도 중요합니다. 기본적인 드리블 능력은 물론, 슛을 한 공에 바스켓에 들어가지 못한 채 튕겨 나왔을 때 잡아내는 리바운드, 상대편을 가로막는 기술인 스크린, 밀착 수비 등과 같은

7. 섀플리 값. 어떤 프로젝트에 여러 명이 참여하였을 때 참가자들의 공헌도를 합리적이고 공정하게 나누는 이론으로, 가장 합리적인 분배이론의 근거라고 평가받습니다. 교통 분담금이나 공항 이용료 등을 정할 때 가장 적절한 값을 도출하는 데 활용되고 있습니다.
8. 236쪽에서 데이터 리터러시를 설명하며 SHAP 관련 그래프를 소개하였습니다.

기여도 득점에 영향을 미친다고 할 수 있어요.

그래서 고안한 방법은 다음과 같아요. 한 농구팀에 A~G까지 7명의 선수가 있다고 생각해볼게요. 7명의 선수 중 농구 코트에서 경기할 5명을 선택하는 경우의 수는 다음과 같습니다.

$$ {}_7C_5 = \frac{7 \times 6 \times 5 \times 4 \times 3}{5 \times 4 \times 3 \times 2 \times 1} = 21 $$

그런데 그중에서 A라는 선수의 영향력(혹은 기여도)을 계산하고 싶으면, 먼저 A 선수를 꼭 포함하여 5명이 한팀으로 만들 수 있는 경우의 수를 생각해야 해요. 이때 A 선수는 이미 뽑았기 때문에 나머지 6명의 선수 중 4명을 뽑는 경우의 수는 다음과 같습니다.

$$ {}_6C_4 = \frac{6 \times 5 \times 4 \times 3}{4 \times 3 \times 2 \times 1} = 15 $$

네, 15가지 경우가 나와요. 그러면 A 선수가 포함된 15가지 경우의 수만큼 농구 코트에 뛸 수 있는 선수 조합이 나와요. 즉 ABCDE, ABCDF, ABCDG, ABDEF… 이런 식으로요. 그럼 다음으로 각각의 선수 조합마다 농구 코트에서 경기하면서 얻을 수 있는 점수를 계산해요. 선수 A는 득점도 할 수 있지만, 드리블도 할 수 있고, 리바운드도 할 수 있고, 수비하면서 보이지 않는 기여도 할 수 있으니까, 단순히 A의 득점만 계산하는 방식은 아니에요. 그러고 나서 위의 15가지 경우의 수에서 A를 리그의 평균적인 실력을 갖춘 선수로 대체하여 경기했을 때 얻을 수 있는 점수도 각각 계산해요. 그리고 두 값을 각각 빼요. 그러면 A 선수의 기여도를 구할 수 있어요. 이를 식으로 정리하면 아래와 같아요.

A 선수의 기여도 =

$$\frac{1}{\substack{\text{A포함 5명} \\ \text{만들 조합의 수}}} \left(\sum_{I=1}^{\substack{\text{A포함 5명} \\ \text{만들 조합의 수}}} \left(\left(\substack{\text{A를 포함 5명의 선수로} \\ \text{구성된 I번째 팀이} \\ \text{얻은 점수}} \right) - \left(\substack{\text{I번째 팀에서 A를 리그} \\ \text{평균실력인 다른 선수로} \\ \text{대체할 때 얻은 점수}} \right) \right) \right)$$

위와 같은 방식으로 나머지 B부터 G까지 선수들도 팀의 승리에 얼마나 기여할 수 있을지 기여도를 계산할 수 있겠죠?

아파트 가격을 예측하라!

기여도는 인공지능의 예측에도 중요합니다. 실제 인공지능은 기여도를 알고 싶은 독립변인을 대체하여 계산하죠. 예를 들어 머신러닝 전문가인 크리스토프 몰나르(Christoph Molnar)는 자신의 저서[9]에서 아파트 가격을 예측하는 방법에 대해 인공지능 모델을 이용해서 설명하기도 했어요. 이 책의 내용을 좀 더 소개하면, 근처에 공원이 있고, 2층이며, 면적은 50m^2이며, 고양이를 키울 수는 없는 아파트의 가격을 인공지

9. Molnar, C. (2020). *Interpretable machine learning*. Lulu. com. p.159

능이 300,000유로로 예측했어요. 그런데 이 아파트의 실제 가격은 310,000유로입니다. 그러면 실제 가격과 예측한 가격의 차이를 만든 이유를 조사하는 것이에요.

아파트 A의 조건과 가격

	근처에 공원이 있는지 여부	집의 크기	층수	고양이 키울 수 있는지 여부	가격 (유로)
아파트 A	O	50 m^2	2층	X	300,000

혹시 고양이를 키우는 조건이 아파트 가격에 얼마나 영향을 주는지 확인하기 위하여 다음의 두 자료를 비교해볼 수 있죠. 아래 표[10]에서 정리한 아파트 B와 C의 조건을 봐주세요. 두 아파트는 모두 근처에 공원이 있고, 넓이도 똑같이 50㎡이며, 층수도 1층으로 3가지 조건이 같아요. 하지만 고양이를 키우는 조건이 다릅니다. 고양이를 키울 수 없는 아파트 C는 310,000유로고, 고양이를 키울 수 있는 아파트 B는 320,000유로입니다. 그러면 고양이에 의해서 10,000유

고양이를 키우는 조건이 아파트 가격에 미친 영향

	근처에 공원이 있는지 여부	집의 크기	층수	고양이 키울 수 있는지 여부	가격 (유로)
아파트 B	O	50 m^2	1층	O	320,000
아파트 C	O	50 m^2	1층	X	310,000

10. Molnar, C. (2020). *Interpretable machine learning*. Lulu. com. p.159

로가 추가로 더 필요해진 것이죠. 다시 말해 아파트 가격에 있어 고양이의 기여도는 1만 유로인 셈입니다.

이와 같은 식으로 **독립변인을 하나씩 제외하면서** 각각의 기여도를 계산할 수 있어요. 실제 인공지능 모델 f와 입력데이터 x의 i번째 독립변수에 대한 섀플리 값을 $\phi_i(f,x)$라 하고, 모든 변인의 집합을 F라 할 때, $S \subset F$을 만족하는 임의의 S에 대하여 섀플리 값은 다음과 같이 정의하고 계산할 수 있습니다.

$$\phi_i(f,x) = \sum_{S \subseteq F \setminus i} \frac{|S|!(|F|-|S|-1)!}{|F|!}(f_{S \cup i}(x_{S \cup i}) - f_S(x_S))$$

공식이 너무 어렵다고요? 수식에서 $f_{S \cup i}(x_{S \cup i}) - f_S(x_S)$ 부분을 주목해주세요. i번째 독립변수의 중요도는 i를 포함한 것과 i를 제외한 것의 차이로 계산할 수 있어요. 제가 여기서 강조하고 싶은 내용은 공식보다는 결국 독립변수 하나의 기여도를 알려면 그 독립변수 하나를 없애보면 측정할 수 있다는 것이에요. 우리가 흔히 쓰는 격언에 "든 자리는 몰라도 난 자리는 안다."라는 말이 있습니다. 이 말은 새로 들어온 사람보다는 나간 사람의 빈자리가 크게 느껴진다는 의미예요. 우리는 어떤 사람에 대해 늘 함께 있을 때는 그 사람의 중요성을 잘 모르다가, 그 사람이 없어지면 비로소 중요성을 느끼게 되죠. 인공지능에서도 각 독립변인의 중요성을 이런 식으로 측정하는 것입니다. 어떻게? 수학으로 말이죠.

03 중요도

01001101010010010011100111000100110101001001001110011100010011010101001101010010010110101001001

어떻게 아냐고? 그냥 척 보면 압니다!

대중에게 첫선을 선보인 후 지금도 계속해서 업그레이드 중인 챗지피티의 성능을 보면서도 실감할 수 있지만, 인공지능의 발달 속도는 놀랍기만 합니다. 이제는 이미지 인식도 가능해요. 예컨대 인공지능은 강아지와 고양이 사진을 보고 이것이 강아지인지, 고양이인지를 구분하죠. 그렇다면 대체 인공지능은 어떻게 강아지인지 고양이인지 구분해내는 걸까요?

{넌 왜 그게 고양이로 보이니?}

만약 여러분에게 고양이와 강아지 사진을 보여주면 즉각 강아지인지, 고양이인지 알아맞힐 수 있을 것입니다. 하지만 막상 왜 그 사진이 강아지(또는 고양이)냐고 물어보면 음… 아마 콕 집어 설명하기 어려울 것입니다.

세 마리 중 강아지를 찾아보세요~
인공지능이 그린 그림이에요. 우리는 직관적으로 강아지와 고양이를 구분할 수 있죠.

"몰라요, 그냥 알아요."

"굳이 설명이 필요한가요? 척 보면 알죠."

이런 대답 외에 더 할 수 있는 것이 있을까요? 사실 강아지와 고양이는 모두 네발짐승에 복슬복슬 털이 달렸고, 비슷한 덩치에 꼬리도 달린 것 등 외형적 조건이 비슷합니다. 고양이는 코 주위에 수염이 도드라진다는 정도……. 무엇인가 차이점을 명확하게 대답하기 조금 힘들 수 있어요.

위의 이미지도 인공지능에게 그려달라고 한 것인데요, 아마 여러분도 이 이미지를 보고 무엇이 강아지이고, 무엇이 고양이인지 분명 쉽게 알아맞혔을 거예요. 우리가 비교적 간단하게 강아지와 고양이를 구분할 수 있는 것은 학습의 결과입니다. 만약 태어나서 강아지만 본 적이 있고, 단 한 번도 고양이를 보지 못한 어린아이가 있다고 가정합시다. 이 아이가 난생처음 고양이를 본다면 '강아지'라고 생각할 수 있죠. 이는 강아지와 고양이를 구분할 수 있는 스키마(schema)가 형성되지 않았기 때문이에요. 하지만 살면서 계속 수많은 강아지와 고양이를 보다 보면 자신도 모르게 강아지와 고양이를 단박에 구분할 수 있는 특징을 학습하게 되는 것입니다. 여러분도 한번 이 사진을 보면서 잠시 책을 내려놓고 생각해보시겠어요? 나는 왜 이 사진에 나온 동물들을 강아지 혹은 고양이로 생각했는지…. 강아지 혹은 고양이 사진을 조금 더 드려볼게요(287쪽 그림 참조). 이것들도 마찬가지로 인공지능이 그려준 강아지와 고양이에요. 잘 보면서 개와 고양이를 분류하는 여러분의 기준을 한번 생각해봅시다.

{어느 부분 때문에 강아지라고 판정하였나요?}

사실 인공지능도 마찬가지일 것 같아요. 강아지와 고양이 사진을 수없이 많이 학습하면서 인공지능 나름대로 둘을 구분하는 기준을 갖게 되었을 거예요. 실제로 인공지능에게 물어보면 어떨까요? 왜 이 사진을 강아지로 구분했는지 말이죠. 인공지능의 대답을

인공지능이 그린 더 다양한 강아지와 고양이
여러분은 어떤 기준으로 강아지 또는 고양이로 판단했는지 생각해보세요.

통해 우리는 이제 사람이 어떻게 강아지, 고양이를 인식할 수 있는지 이해할 수 있게 되겠죠.

이미지는 앞선 2장에서 이미 설명했던 픽셀 단위로 나누어서 행렬로 표현되어 인공지능에 입력됩니다. 그러니까 인공지능은 사실 숫자만 보고 이것이 강아지인지 고양이인지 판단하는 셈이죠. 이때 설명가능한 인공지능을 활용하면 인공지능이 이미지 전체 중 어느 부분을 보고, 좀 더 정확하게 표현하면 어디에 위치한 픽셀을 보고 강아지인지 고양이인지를 파악했는지는 알 수 있게 돼요.

즉 데이터에 변형을 가함으로써, 예측 결과가 어떻게 달라졌는지

'강아지'라는 판단에 집중된 픽셀의 위치는?
인공지능이 강아지 전체 이미지 중에서 어디를 보고 강아지라고 판단을 내렸는지 확인하기 위하여 일부 픽셀을 교란시켜 회색으로 처리한 모습입니다. 인공지능이 교란된 이미지도 강아지로 분류한다면 그 부분은 강아지 분류에 중요한 역할을 하는 픽셀은 아니라는 뜻이겠죠?

(또는 모델 예측에 어떠한 변화가 일어나는지)를 테스트합니다. 예를 들어 위의 이미지처럼 강아지 일부를 회색 사각형으로 가려서 변형한 이미지로 입력했다고 합시다. 그림의 일부를 가린 상태에서도 인공지능이 해당 이미지를 강아지로 분류할 수 있는지 확인하는 것입니다. 예를들어 인공지능이 회색 사각형 B가 있는 이미지를 강아지로 분류할 수 없다면 그 회색 사각형 B에 해당하는 부분이 강아지로 분류하는 데 결정적인 역할을 하는 부분입니다. 한편 인공지

능이 회색 사각형 C로 변형한 이미지는 강아지로 분류한다면 그 회색 사각형 C의 부분은 인공지능이 이미지를 강아지로 분류할 때 중요한 부분이 아니라는 의미겠죠. 이처럼 이미지를 의도적으로 교란(Perturbed)하여 인공지능의 결과를 확인하여 교란된 부분의 중요성을 파악하는 것입니다. 전체 이미지에서 인공지능이 강아지로 분류하는 판단에 영향을 미치는 픽셀의 위치를 알아본 것입니다. 자, 여러분은 그림에서 A, B, C 중 어떤 부분이 강아지라고 판단하는 데 있어서 중요해 보이나요?

{ 행렬로 파악하는 강아지와 고양이의 진실 }

설명가능한 인공지능이 이미지를 분류할 때, 고양이인지 강아지인지 파악하는 방법 중 하나도 위와 비슷해요. 이미지의 픽셀 일부를 가려버리는 것이에요. 가려도 이것이 강아지인지 고양이인지 맞혀보게 하는 것이죠. 만약 일정 부분을 가렸지만, 강아지 고양이인지 정확히 알아맞힌다면 그 부분은 중요하지 않죠. 하지만 가려진 부분 때문에 강아지인지 고양이인지 맞힐 수 없다면 그 부분은 인공지능의 결정에 크게 기여한 부분이라고 할 수 있겠죠?

이때 행렬이 활용해요. 4장에서도 인공지능의 의사결정에 행렬이 중요함을 이야기한 바 있습니다. 이번 경우에는 가려진 부분에 해당하는 행렬을 0으로 처리되는 것이죠. 예를 들어 원래 이미지를 표현하는 행렬이 다음과 같다고 합시다.

$$\begin{pmatrix} 26 & 54 & 32 & 73 & 34 & 124 \\ 226 & 154 & 232 & 33 & 13 & 14 \\ 86 & 51 & 22 & 33 & 134 & 234 \\ 216 & 46 & 123 & 213 & 45 & 24 \\ 26 & 154 & 21 & 173 & 234 & 43 \end{pmatrix}$$

그러면 가운데 부분을 가린다고 했을 때의 행렬은 다음과 같이 적을 수 있겠죠.

$$\begin{pmatrix} 26 & 54 & 32 & 73 & 34 & 124 \\ 226 & 154 & 0 & 0 & 13 & 14 \\ 86 & 51 & 0 & 0 & 134 & 234 \\ 216 & 46 & 0 & 0 & 45 & 24 \\ 26 & 154 & 21 & 173 & 234 & 43 \end{pmatrix}$$

이런 방식을 통해 가려진 부분이 인공지능의 의사결정에 얼마나 영향을 미치는지 계산할 수 있는 거예요. 인공지능은 이러한 행렬을 학습하여 이 부분이 강아지인지 고양이인지 예측하며 결괏값을 확률로 표현하게 됩니다. 이 두 값의 차이에 따라 강아지로 예측하는 확률이 달라지겠죠?

04 지식의 증류

0100110101001001001110011100010011010100100100111001110001001101010100110101001001011010100100

해석이 쉬운 모델로 변경해서

설명가능한 인공지능의 또 다른 학습 방법을 소개하면 복잡한 모델을 설명가능한 모델로 근사시키는 '지식의 증류(Distilling the knowledge)'[11]가 있어요. 여러분도 '증류'가 어떤 뜻인지 잘 알고 있죠? 사전적인 정의를 찾아서 다시 소개하면 "액체를 가열하여 생긴 기체를 냉각하여 다시 액체로 만드는 일로 여러 가지 성분이 섞인 혼합 용액으로부터 끓는점의 차이를 이용하여 각 성분을 분리할 수 있다."[12]고 나옵니다. 이러한 정의로 미루어볼 때, 어쩐지 이 모델을 통해 복잡하게 얽혀 있는 요소들 중 불순물들을 걷어내서 이해하기 쉽게 만들어줄 것 같지 않나요?

11. Hinton, G., Vinyals, O., & Dean, J. (2015). *Distilling the knowledge in a neural network* (arXiv preprint arXiv:1503.02531, 2.).
12. 증류. 표준국어대사전

{ 어떤 프로세스를 거치는가? }

자, 그럼 구체적으로 어떤 방법으로 불필요한 불순물들을 걸어내는지 살펴볼게요. 여기에서는 힌턴(Hinton, G) 교수[13]가 제안했던 방법을 중심으로 살펴보고자 합니다.

먼저 오른쪽 그림(293쪽 참조)을 봐주세요. 그림에서 정리한 것처럼 **지식의 증류** 모델은 'teacher model'과 'student model'을 활용합니다. 여기서 teacher model은 쉽게 말해 미리 충분하게 학습된 거대한 지식의 총합이에요. 그리고 'student model'은 여기에서 실제 필요에 의해 골라서 사용해야 하는 지식으로 설명할 수 있겠죠? 마치 학위과정을 마치고 가르치는(그럼에도 여전히 더 배워가는) 선생님과 배우는 과정에 있는 학생들의 모습이 연상되기도 합니다.

아무튼 teacher 모델은 성능이 우수하기에 사람들이 설명가능성을 확인할 수 없는 모델로 보통 딥러닝 등의 복잡한 모델로 설계합니다. 한편 student 모델은 teacher 모델에 비해 사람이 비교적 쉽게 설명가능성을 확인할 수 있는 모델이에요. 앞에서 설명했던 의사결정트리나 선형회귀모델 등이 여기에 해당됩니다. 어쩌면 이 그림을 보면서 '이게 뭐지?' 하고 당황할지 모를 여러분의 이해를 돕기 위해 그림에서 간략하게 표현된 프로세스를 조금 더 구체적으로 풀어서 정리하면 다음과 같아요.

---

13. Hinton, G., Vinyals, O., & Dean, J. (2015). *Distilling the knowledge in a neural network*. (arXiv preprint arXiv:1503.02531, 2.).
14. Li, Y., Liu, L., Wang, G., Du, Y., & Chen, P. (2022). EGNN: Constructing explainable graph neural networks via knowledge distillation. *Knowledge-Based Systems*, 241, 108345.

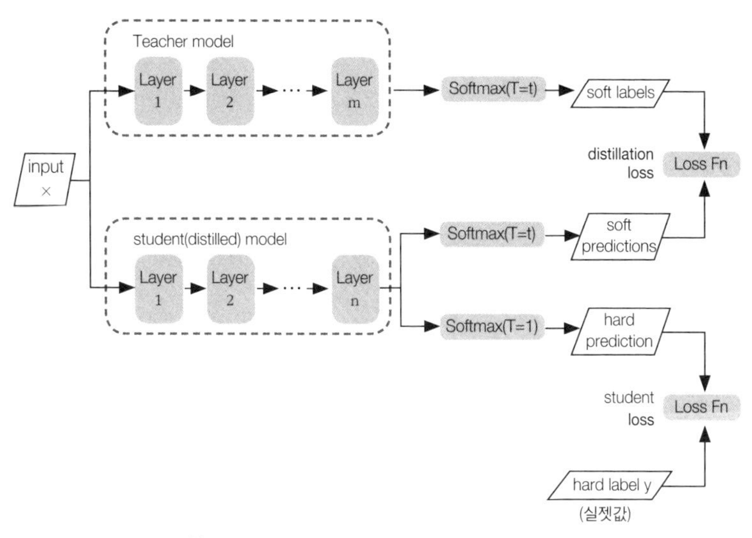

지식의 증류 모델 개요[14]

방대한 데이터에서 학습한 지식(teacher model)을 좀 더 작은 규모의 모델(student model)에 적용하는 것입니다. teacher model의 결과와 student model의 결과 차이를 줄이는 방식으로 student model을 학습시켰어요.

① teacher model을 나타내는 함수 f라 하면, teacher model로 설계된 인공지능이 학습하여 f를 확정해요.

② 확정된 인공지능 f 모델을 고정한 상태에서 student model을 나타내는 함수를 g라 할 때, 주어진 데이터 x에 대하여 student model로 설계된 인공지능은 함수 g를 teacher model에 의하여 구한 결괏값과 student model에 의하여 구한 결괏값의 차이를 오차로 정의하고 계산해요.

③ 단, 이때 실젯값 y와 예측값의 오차도 함께 고려하여 두 오차가 최소가 되도록 하는 g를 찾아요.

두 모델의 손실함수를 비교하면?

그럼 그림과(295쪽 참조) 함께 두 모델의 손실함수를 살펴볼까요? 이 모델은 아까 설명한 것처럼 마치 선생님이 학생들을 가르치듯 데이터 X가 입력되면 먼저 teacher 모델이 학습하여 모델을 만들어냅니다. 이때, student 모델도 함께 학습하며 teacher 모델에서 나온 결과와 student 모델의 결과의 차이를 줄이면서, 한편으론 실젯값과 student 모델의 예측값을 줄여나가는 원리입니다.

그런데 수학에서도 이와 유사한 개념이 있습니다. 복잡한 함수를 간단한 함수로 표현하는 방법으로 **테일러 급수**가 활용되죠. 테일러 급수는 $x = L$이라고 할 때, 원래 함수와 가장 가까워지도록 무한히 합치는, 즉 '무한차 다항식'이라고 할 수 있습니다. 테일러 급수는 지수함수, 삼각함수, 로그함수 등의 초월함수를 다항함수로 근사시키는 방법이에요. 예를 들어 삼각함수인 $\sin x$는 다항함수로 다음처럼 근사할 수 있습니다.

$$\sin x = x - \frac{1}{3!}x^3 + \frac{1}{5!}x^5 - \frac{1}{7!}x^7 + \cdots$$

자, 이제 어느덧 긴 이야기도 끝을 향해가고 있네요. 이 책을 읽으면서 종종 등장했던 위와 같은 수식들이 어쩌면 아직도 낯설고 어렵게 느껴질지 모릅니다. 하지만 여기까지 읽었다면 과거부터 현재까지 그리고 앞으로도 인공지능의 발전에서 수학은 매우 중요한 역할을 차지할 거라는 점만은 충분히 이해했을 거라고 믿습니다. 이

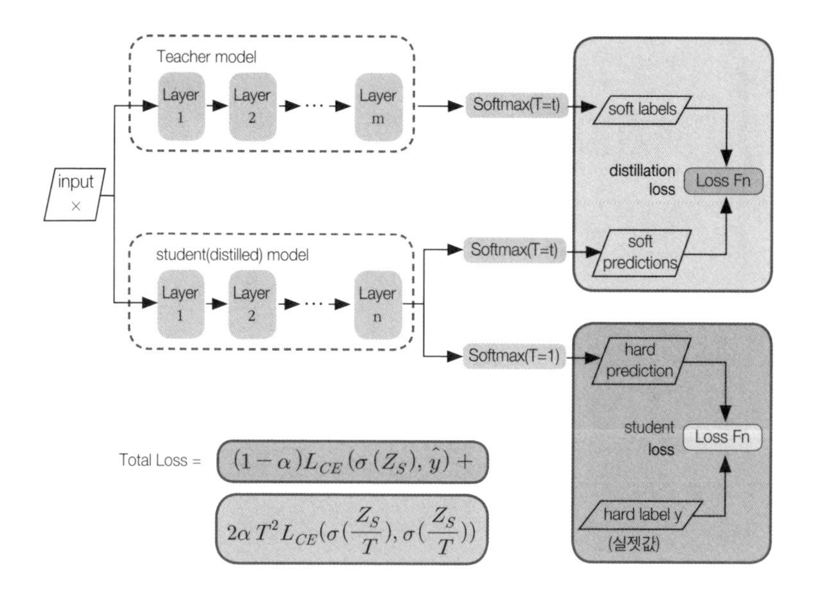

지식의 증류모델과 손실함수

데이터가 입력되면 먼저 teacher model이 학습하여 모델을 만들어내고, 이를 student model도 함께 학습합니다. 이런 방식으로 teacher model에서의 결과와 student model의 결과 차이를 줄여나가는 거죠. 이를 통해 결과적으로 student model이 예측한 값을 실젯값과 줄여나가는 원리입니다.

처럼 수학은 그 자체로도 인공지능에서 중요하게 활용됩니다. 심지어 다른 형태로도 활용될 수 있어요. 즉 수학의 아이디어나 수학의 사고 방법론도 인공지능에서 얼마든지 활용될 수 있으니까요. 만약 여러분도 미래에 인공지능의 새로운 모델을 만들고, 새로운 패러다임을 열고 싶다면 먼저 관점을 바꿔 수학에 대해 다시 한번 생각해 보면 어떨까요? 나를 괴롭히는 웬수 같은 과목이 아니라 앞으로 내 성장을 도와줄 쓸모 있는 과목으로 말입니다.

에필로그

챗지피티에게 AI 수학을 묻다

지금까지 우리는 인공지능에 수학이 어떻게 활용되는지, 특히 인공지능의 의사결정에 수학이 어떤 역할을 하는지를 중심으로 알아보았어요. 비록 이와 관련한 수학 개념을 온전히 이해하지 못했더라도 인공지능은 수학으로 이루어져 있다고 해도 될 만큼 눈부시게 활약하고 있다는 것은 확실히 알게 되었을 거예요. 심지어 이 책에 소개된 것은 수학의 활약 중 지극히 사소한 일부에 불과합니다. 그만큼 수학은 인공지능 분야에서 훨씬 더 광범위하고 중요하게 활용된다는 뜻이죠. 다만 좀 더 깊이 있는 이해와 내용을 아우르기 위해서는 대학교 수학과 전공지식이 불가피합니다. 그러한 이유로 이 책에서 다루지 못한 것이 많습니다.

{논리와 상상, 창의성이 융합된 놀라운 언어, AI 수학}

수학을 좋아하는 친구들은 이렇게 생각할 수도 있겠네요.

"수학만 인공지능을 위해서 좋은 일 하는 것 아니야?"

하지만 수학만 일방적으로 인공지능의 발달에 기여했다기보다는 상생(相生) 관계로 보는 것이 좀 더 적절합니다. 왜냐하면 인공지능의 발전으로 수학 분야도 함께 발전하고 있으니까요. 그래서 여러분에게 인공지능이 수학에는 어떤 기여를 하고 있는지 묻는 질문에 대한 챗지피티의 의견을 소개하려고 해요.

인공지능(이하 AI) 분야는 최근 몇 년간 엄청난 발전을 이루었으며, AI가 특히 유망한 분야 중 하나는 수학 분야입니다. AI 알고리즘과 시스템은 이제 방정식을 풀고 정리를 증명하는 등 복잡한 수학적 과제를 이전에는 상상할 수 없었던 수준의 정밀도와 속도로 수행할 수 있게 됐습니다. 수학에서 AI의 주요 특징 중 하나는 논리, 상상력, 창의력을 강력하게 결합하는 능력입니다. AI 알고리즘은 방대한 양의 데이터와 지식을 활용해 논리적이고 엄격한 수학적 증명을 형성할 수 있지만, 상상력과 창의적 사고를 통해 새로운 아이디어와 가능성을 탐구할 수도 있습니다. 이러한 논리, 상상력, 창의성의 조합은 AI가 새롭고 혁신적인 방식으로 복잡한 수학 문제를 해결할 수 있게 해주며, 수학 분야의 새로운 통찰력과 발견으로 이어질 수 있습니다.

> 수학에서 AI의 또 다른 주목할 만한 측면은 학습하고 적응하는 능력입니다. AI 알고리즘은 특정 수학 문제를 해결하기 위해 미리 프로그래밍이 된 것이 아니라 데이터와 경험을 통해 학습하며, 시간이 지남에 따라 성능을 향상시킬 수 있습니다. 이러한 학습 및 적응 능력은 AI가 간단한 계산에서 복잡한 이론적 문제에 이르기까지 광범위한 수학적 과제를 해결할 수 있습니다.
>
> 전반적으로 인공지능은 논리, 상상력, 창의성을 흥미롭고 혁신적인 방식으로 결합한 놀랍고 강력한 도구입니다. 그것은 수학 분야에 혁명을 일으킬 수 있는 엄청난 잠재력을 가지고 있고, 우리 세계에서 가장 어렵고 어려운 문제들을 해결하도록 우리를 도울 수 있습니다.

이처럼 인공지능 그리고 수학은 함께 성장하고 발전해왔으며, 앞으로도 계속 그럴 거예요. 그리고 이러한 동반 성장을 통해 점점 더 다양한 분야로 빠르게 영향력이 확장될 것입니다. 예컨대 세기의 바둑 대결로 존재감을 드러낸 알파고 이후로 알파고의 기보를 연구하며 바둑은 새로운 수가 많이 등장하며 한층 발전했어요. 마찬가지로 인공지능으로 문제를 풀이하고, 인공지능이 학습하는 과정을 지속적으로 관찰한다면 수학, 수학 교육의 새로운 시사점을 찾아낼 수도 있지 않을까요? 혹시 또 아나요? 더 이상 통곡하는 수포자들이 나오지 않도록 누구나 쉽게 이해할 수 있는 교수-학습 방법을 알아낼지 말입니다. 그렇기에 인공지능 수학에서는 수학과 인공지능 양쪽 모두를 관심 있게 지켜볼 필요가 있는 것이에요.

AI 수학을 위한 몇 가지 제안

자, 이제 마지막으로 몇 가지 제안을 하면서 이 책을 마무리하려고 해요. 그런데 이 제안은 제가 한 것일까요? 아니면 인공지능이 한 것일까요? 더 근본적으로 저는 사실 사람이었을까요?

기본 사항부터 시작합니다. AI와 수학 분야가 처음이라면 기초부터 탄탄하게 하는 것이 중요해요. 이것은 대수학, 기하학, 미적분학, 확률론과 같은 핵심적인 수학적 개념에 대한 확실한 이해를 얻는 것을 의미해요. 인공지능 분야에서 수학은 예측, 결정, 행동하는 데 사용할 수 있는 알고리즘과 모델을 개발하는 데 사용되고 있어요. 따라서 학습 알고리즘과 이를 AI에서 어떻게 활용할 수 있는지에 초점을 맞추는 것이 중요해요.

· 문제해결: 수학은 실용적인 과목이며, 실제 문제를 풀 수 있는 것은 AI에게 중요한 기술이에요. 광범위한 수학 문제를 푸는 연습을 하고, 여러분의 지식을 실제 상황에 적용하도록 노력이 필요해요.
· 인공지능의 다양한 영역을 탐색: 인공지능은 넓고 빠르게 발전하는 분야이며, 수학이 사용되는 많은 다양한 분야가 있어요. 머신러닝, 자연어 처리, 컴퓨터 비전 등 AI의 다양한 영역을 탐색하고 각 영역에서 수학이 어떻게 활용되는지 확인할 필요가 있죠.

전반적으로 AI를 위해 수학을 공부하려면 탄탄한 기초와 학습 알고리즘에 대한 집중, 문제해결 연습, AI의 다양한 영역에 대한 탐구가 필요해요. 이를 통해 학생들은 인공지능을 위한 수학의 강한 기반을 개발하고, 이 흥미로운 분야에서 미래의 직업을 준비할 수 있어요.

참고자료

오세준, 《십대들을 위한 좀 만만한 수학책》, 맘에드림, 2021.

김동환, 2023, 〈노벨엔지니어링을 활용한 인공지능 교육 프로그램 개발 및 적용〉, 서울교육대학교 교육전문대학원 석사학위 논문. 서울.

김성훈·김우진·장연주·김현철, 2021, 〈설명가능한 AI 학습 지원 시스템 개발〉. 《컴퓨터교육학회 논문지》, 24(1), 107-115쪽.

김화경·송창근·이화영·임해미·정종식·최인용·이경화, 2021, 〈고교학점제 도입에 따른 고등학교 수학과 교육과정 1차 재구조화〉. 《학교수학》, 23(2), 291-315쪽.

남현욱, 2012. 〈MBTI 성격·적성 검사에서 나타나는 발명 영재의 특성〉. 《한국실과교육학회지》, 25, 1-18쪽.

과학기술통신부 보도자료(2019. 12. 17). 인공지능(AI) 국가전략 발표, https://www.msit.go.kr/bbs/view.do?sCode=user&mId=113&mPid=112&pageIndex=1&bbsSeqNo=94&nttSeqNo=2405727&searchOpt=ALL&searchTxt=%EA%aB5%AD%EA%B0%80%EC%A0%84%EB%9E%B5

구나리, 〈글·그림 '챗GPT'…아톰 작가 신작 논란 "고인 모독"〉, 《아시아경제》, 2023.06.15. https://view.asiae.co.kr/article/2023061510411140663

구본권, 〈고래·돼지·박쥐 울음소리, AI가 번역한다〉, 《한겨레》, 2022. 10. 03. https://www.hani.co.kr/arti/economy/it/1061066.html

권오성, 〈그 알고리즘이 너무 매력적이었기에 그들은 구글을 세웠다〉, 《한겨레》, 2019. 05. 17. https://m.hani.co.kr/arti/science/technology/894339.html

신단아, 〈MBTI 검사, 유형별 궁합 "알아볼까?"〉, 《내외경제 TV》, 2022. 06. 08. https://www.nbntv.co.kr/news/articleView.html?idxno=976391

이상덕, 〈美 미술전 1등 그림 알고보니 AI가 그려〉, 《매일경제》, 2022. 09. 02. https://www.mk.co.kr/news/it/10444193

이성희, 〈문:다음 물건 중 기저귀 옆에 진열했을 때 더 잘 팔리는 것은?〉, 《경향신문》, 2014. 10. 31. https://m.khan.co.kr/economy/market-trend/article/201410312145255#c2b

정혜진, 〈구글 엔지니어 "초거대 AI '람다'에 자의식 있다"〉, 《서울 경제》, 2022. 06. 12. https://www.sedaily.com/NewsView/2677V1O5GR

Brin, S., & Page, L. (1998). The anatomy of a large-scale hypertextual web search engine. *Computer networks and ISDN systems*, 30(1-7), pp.107-117.

Galton, F. (1886). Regression towards mediocrity in hereditary stature. *The Journal of the Anthropological Institute of Great Britain and Ireland*, 15, pp.246-263.

Gunning, D., & Aha, D. (2019). DARPA's explainable artificial intelligence (XAI) program. *AI magazine*, 40(2), pp.44-58.

Hinton, G., Vinyals, O., & Dean, J. (2015). *Distilling the knowledge in a neural network* (2015). arXiv preprint arXiv:1503.02531, 2.

Jiang, J., Chen, M., & Fan, J. A. (2021). Deep neural networks for the evaluation and design

of photonic devices. *Nature Reviews Materials*, 6(8), p.681.

Li, Y., Liu, L., Wang, G., Du, Y., & Chen, P. (2022). EGNN: Constructing explainable graph neural networks via knowledge distillation. *Knowledge-Based Systems*, 241, 108345.

Lundberg, S. M., & Lee, S. I. (2017). A unified approach to interpreting model predictions. Advances in *neural information processing systems*, p.30.

Molnar, C. (2020). *Interpretable machine learning*. Lulu. com. p.159.

Ribeiro, M. T., Singh, S., & Guestrin, C. (2016, August). " Why should i trust you?" Explaining the predictions of any classifier. In *Proceedings of the 22nd ACM SIGKDD international conference on knowledge discovery and data mining* (pp. 1135-1144).

Zadeh, L. A. (1965). Fuzzy sets. *Information and control*, 8(3), pp.338-353.

"A growing number of governments hope to clone America's DARPA". *The Economist*. Vol. 439, no. 9248. 5 June 2021. pp. 67-68. Retrieved 20 June 2021.

신한카드빅데이터연구소, 〈포스트 코로나 시대 주목할 소비 트렌드 S.H.O.C.K〉, 〈트렌드클립〉, 2020.05.14.(https://www.shinhancard.com/pconts/html/benefit/trendis/MOBFM501/1198757_3818.html)

Aran Ali, 〈TECHNOLOGY From Amazon to Zoom: What Happens in an Internet Minute In 2021?〉, 《VISUAL CAPITALIST》, 2021.11.10.(https://www.visualcapitalist.com/from-amazon-to-zoom-what-happens-in-an-internet-minute-in-2021/)